普通高等教育"十三五"规划教材（计算机专业群）

Python 基础实例教程

秦颖　编著

中国水利水电出版社
www.waterpub.com.cn

·北京·

内 容 提 要

Python 是近年来十分流行的编程语言。作为脚本语言，Python 尽管在速度上比编译语言如 C 和 C++等略有逊色，但其因开放性、跨平台和易学易用的特点获得了众多专业和非专业人士的青睐与支持。然而目前在介绍 Python 的书目中却难以觅到一本合适的教材，大部分资料为译著，内容过于宽泛，价格也不菲。所以编写一本适于初学者的实用学习教程，让读者把握 Python 的核心内容的实用教程成为我们本次编写的目的。

本书以凝都的风格介绍 Python 的核心知识，每一章都有明确的学习目标，并配有大量在交互环境下操练的实例和运行结果，以帮助读者理解具体的知识点。本书介绍了 Python 自带的开发环境以及 IPython 等其他集成开发环境，且全部实例的代码均在 Python 3 环境下调试通过。

全书共分 9 章，按照循序渐进的原则安排，从内置对象类型到语句语法，再到函数和模块，以及面向对象编程和异常处理等，较全面地覆盖了 Python 的基本内容，最后一章为典型程序代码和程序调试方法，为学习程序设计提供了样例。本书操作实例丰富实用，注重内容细节的介绍，对常用第三方模块也都有介绍。

本书适合作为高等院校计算机及相关专业的教材，适合 Python 初学者以及想快速了解 Python 语言特点的编程爱好者，也可为专业人士提供一定的参考。

图书在版编目（CIP）数据

Python基础实例教程 / 秦颖编著. -- 北京 ：中国水利水电出版社，2019.2（2021.1 重印）
普通高等教育"十三五"规划教材. 计算机专业群
ISBN 978-7-5170-7443-4

Ⅰ．①P… Ⅱ．①秦… Ⅲ．①软件工具－程序设计－高等学校－教材 Ⅳ．①TP311.561

中国版本图书馆CIP数据核字(2019)第031170号

策划编辑：周益丹　　责任编辑：张玉玲　　加工编辑：吕　慧　　封面设计：李　佳

书　　名	普通高等教育"十三五"规划教材（计算机专业群） Python 基础实例教程 Python JICHU SHILI JIAOCHENG
作　　者	秦颖　编著
出版发行	中国水利水电出版社 （北京市海淀区玉渊潭南路 1 号 D 座　100038） 网址：www.waterpub.com.cn E-mail: mchannel@263.net（万水） 　　　　sales@waterpub.com.cn 电话：（010）68367658（营销中心）、82562819（万水）
经　　售	全国各地新华书店和相关出版物销售网点
排　　版	北京万水电子信息有限公司
印　　刷	三河市鑫金马印装有限公司
规　　格	184mm×260mm　16 开本　11.75 印张　287 千字
版　　次	2019 年 2 月第 1 版　2021 年 1 月第 2 次印刷
印　　数	2001—5000 册
定　　价	29.00 元

凡购买我社图书，如有缺页、倒页、脱页的，本社营销中心负责调换

前　　言

Python 语言诞生于 20 世纪 90 年代，迄今用户已达数百万。Python 是免费、开源的软件，简单易学却又功能强大，在目前主流操作系统平台上都能很好地运行 Python 脚本，这些特点使得 Python 获得了众多专业和非专业人士的青睐与支持，成为当前非常流行的一门编程语言，越来越多的行业都在应用 Python。从 YouTube 到大型网络游戏的开发，从动画设计到科学计算，从系统编程到原型开发，从数据库到网络脚本，从机器人系统到美国航空航天局（NASA）的数据加密，都有 Python 的用武之地。

Python 语言在当前的信息技术背景下获得了最佳的发展机遇，得到了迅猛发展。Python 已发展成为一种生态语言，第三方模块库已达到十几万个，并且还在不断丰富着。

本书重点介绍 Python 语言的核心基础知识，注重实践性。每一个知识点都先从理论角度分析，然后给出在交互环境下的操作实例，帮助读者加深对知识的理解，启发应用理论解决实际问题的思路。

本书对读者编程基础零要求，只要具备了计算机基础知识即可快速入门。Python 的交互模式提供了很好的语言学习环境，用户输入一条语句，语句马上能够执行，方便查看执行的结果。当然，集成开发环境 IDLE 也为大段脚本的编辑和调试提供了友好的环境。本书作为教材注重实用性，在力求简洁明确地说明知识点的同时，提供了多样而全面的操练题目，学生可以边操作边领悟，提高软件开发能力。本书既可作为计算机类专业学生的教材，也可作为 Python 应用开发者的参考书。

全书共分 9 章，内容安排循序渐进，由浅入深，层次清晰，通俗易懂。第 1 章介绍 Python 的特点和安装方法；第 2 章介绍 Python 内置对象类型，包括数字、列表、元组、字符串、字典、集合和文件等；第 3 章是 Python 的基本语句和语法，介绍了分支结构和循环结构语句的使用；第 4 章 Python 语言特有的一些内容，包括迭代、解析和生成器；第 5 章函数，介绍函数的定义和参数传递等关键问题；第 6 章模块，介绍模块的导入及变量的命名空间、几个常用 Python 标准库模块的使用方法；第 7 章面向对象程序设计初步，介绍 OOP 技术的核心概念以及在 Python 中实现 OOP 的基本方法；第 8 章介绍异常处理机制；第 9 章通过分析几个典型程序帮助读者快速上手编程，并对程序调试及排错给出一些建议和方法。

本书具有以下特点：

（1）语言简练，内容充实，较全面地覆盖了 Python 语言的核心内容。

（2）注重实用，不仅有理论分析，还精心设计安排了大量在交互环境下的实例，帮助理解知识点，提高动手能力，同时引领学生领悟 Python 语言的特点，提升应用 Python 语言解决问题的实践技能和创新意识。

（3）每一章都有内容总结和习题。习题丰富，形式多样，内容有趣味性，使学生能够享受到学习带来的乐趣和成就感。

（4）全面支持 Python 3，所有实例均在 Python 3 环境下进行了测试。

（5）教材提供配套的课件、部分习题的参考答案。

本书广泛收集和参考了各种 Python 的开源资料和文档，在出版过程得到了出版社的大力支持，在此向这些资料的分享者表示诚挚的感谢。

由于作者水平有限，书中难免有不妥和疏漏之处，恳请各位专家、读者批评指正，编者邮箱：qinying@bfsu.edu.cn。

编　者
2018 年 12 月

目　　录

第 1 章　认识 Python

本章将介绍 Python 语言的基本特点和应用、如何在各种平台上安装 Python，以及 Python 交互环境的使用，为下一步学习打下基础。

学习目标

- 认识基本概念：脚本语言、跨平台、交互环境。
- 掌握 Python 的基本特点、脚本语言的执行特点、Python 语言和其他语言的差异。
- 在个人计算机上完成 Python 的安装。
- 学习 Python 程序的各种执行方法，掌握 Python 交互环境的特点和使用方法。

1.1　Python 是什么

Python 是一门高级程序设计语言，是目前非常流行的开源脚本语言。据说 Python 之父 Guido van Rossum 给他发明的语言命名时，灵感源于一部 20 世纪 70 年代英国的喜剧连续剧 *Monty Python's Flying Circus*。Python 一词的英文含义是一种大型爬行类动物，只不过 Python 语言似乎和爬行动物并没有什么联系。

Python 主要是用 C 语言实现的，它的流行要归于它功能的强大。Python 可以在任何操作系统上运行，更重要的是，Python 是免费的开源软件，很多人在不断地完善着 Python 的功能。开发者们分享各个领域的应用，使 Python 越发强大，影响力越来越大。一般用户不仅可以免费下载安装 Python，还可以方便地共享第三方开发的免费功能模块。Python 的优良特性赢得了众多的拥护者和支持者，越来越多的行业开始应用 Python。从 YouTube 到大型网络游戏的开发，从动画设计到科学计算，从系统编程到原型开发，从数据库到网站开发，从机器人系统到美国航空航天局（NASA）的数据加密，都有 Python 的用武之地。尤其是在人工智能领域，Python 更是无可替代的编程语言。

除了标准的 Python 发布版本，还有众多的基于各种平台的变种，并提供了多样的语言开发环境。

（1）Enthought Python：同标准版的 Python 相比，Enthought Python 有一些花哨的工具和模块，很好用。安装 Enthought Python 将自动安装 IPython。IPython 提供了一个 Python 的交互式环境，但比默认的 Python 标准交互环境更友好。IPython 支持变量自动补全、自动缩进等操作，还内置了许多很有用的功能和函数，可以看作是 Python 交互的增强版。IPython Notebook 也称 Jupyter Notebook，它使用网络浏览器作为界面，进一步丰富了交互和可视化功能，非常适合作为教学工具。目前国外很多学校都以 IPython Notebook 为平台进行计算机相关课程的教学。

（2）ActivePython：一个适用于 Windows 平台的 Python 版本，内核是标准的 Python，由

Activestate 发布，包含了 Pythonwin 集成开发环境。

（3）以不同语言扩展实现的 Python：目前至少有 8 种，例如，PyPy 是用 Python 语言实现的 Python；Jython 是用 Java 语言实现的，在 Java 虚拟机上运行，使得 Python 脚本在本地机器上无缝连接到 Java 类库；IronPython 是用 C#实现的 Python，在 IronPython 中可以直接访问C#的标准库。

归纳一下，Python 语言的主要特点有：

（1）易学。Python 学习入门很容易，即使没有编程基础的人，也可以在短时间内掌握Python 的核心内容，写出不错的程序。因为 Python 的语句和自然语言很接近，所以十分适合作为教学语言。一个没有编程经历的人可以比较容易地阅读 Python 程序。下面来看一段用Python 写的程序：

```
for line in open("file.txt"):
    for word in line.split():
        if word.endswith('ing'):
            print (word)
```

这段脚本实现的功能十分清晰，即：打开一个名为 file.txt 的文件，得到以空格分隔的一行中的单词，并把以 ing 结尾的单词都打印出来。简简单单的四行语句就完成了遍历和查找英文文本中现在分词或动名词的任务。可见，程序的易读性和简洁性是 Python 语言的第一大优点。

（2）跨平台性。软件的跨平台性又称为可移植性。Python 具有良好的跨平台性是指 Python编写的程序可以在不做任何改动的情况下在所有主流计算机的操作系统上运行。换句话说，在Linux 下开发的一个 Python 程序，如果需要在 Windows 系统下执行，只要简单地把代码拷贝过来，在安装了 Python 解释器的 Windows 计算机上就可以很流畅地运行，不需要做任何改动。跨平台性正是各种平台的用户都喜欢 Python 的重要原因之一。

（3）强大的标准库和第三方软件的支持。Python 中内置了大约 200 个标准功能模块，每一个模块中都自带了强大的标准操作，用户只要了解功能模块的使用语法，就可以将模块导入到自己的程序中，使用其标准化的功能，实现积木式任务开发，极大地提高程序设计的效率。导入模块的本质是加载一个别人设计的 Python 程序，并执行那个程序的部分或全部功能。除了 Python 标准库模块外，还有大量第三方提供的功能模块，如 Pyinstaller、Numpy、Scipy、Pandas、Matplotlib 等也都是免费的，并且得到了广泛使用，极大地丰富和增强了 Python的功能。

（4）面向对象的脚本语言。脚本（Script）语言是与编译（Compile）语言不同的一种语言。脚本程序的执行需要解释器，且具有边解释边执行的特点。编译语言编写的程序需要把全部语句编译通过后才能执行。典型的编译语言有 C 和 C++。脚本语言和编译语言相比，通常语法比较简单，但是语言简单不等同于只能用于简单任务的编程。相反，Python 的简单和灵活使得很多领域的复杂任务开发变得十分容易。在本书中，我们也经常将 Python 程序称为脚本。同时，Python 也是一种面向对象程序设计语言，它具有完整的面向对象程序设计的特征，如 Python 的类对象支持多态、操作符重载和多重继承等面向对象的特征，因此用Python 实现面向对象程序设计十分方便。和 C++和 Java 等相比，Python 甚至是更理想的面向对象设计语言。

1.2　Python 的安装

作为一种开源软件，Python 的使用和发布都是免费的，用户可以访问 Python 的官方网站（http://www.python.org/download/）来获取最新版本的 Python 安装程序。本书截稿时 Python 最新的版本为 3.7，陆续还将有新的版本推出。需要注意的是，不同平台的安装版本不同，要根据相应的平台选择不同的版本下载。在常见的操作系统如 Windows、Linux、UNIX 和 Macintosh（Mac）上都可以顺利地安装 Python 的解释器。通常 Linux、UNIX 和 Mac OX 系统中都包含了 Python 的某个版本，因此不需要单独安装。安装之前先查看一下自己系统中是否已经安装了 Python 解释器。Linux 和 UNIX 系统中 Python 一般安装在/usr 路径下。对于 Windows 系统的用户，需要自行安装 Python。安装成功后可以在菜单"开始"→"所有程序"中看到 Python。下面详细介绍在 Windows 和其他操作系统中 Python 的具体安装步骤。

1.2.1　Windows 平台

在 Python 官方网站下载能够在 Windows 下运行的.msi 安装程序。安装程序又分为适用于 32 位机的Windows x86 MSI installer和适用于 64 位机的Windows x86-64 MSI installer两个版本，读者需要根据自己操作系统的位数做出正确选择，否则将无法正常运行。图 1-1 所示是运行 Python 3.2 安装程序的界面。Python 解释器的默认安装路径为 C:\python32。运行 Python 安装程序，第一步是确定安装路径。

图 1-1　Python 3.2 安装程序的界面

下一步是定制安装内容。默认安装的有 Python 解释器、标准库和说明文档等内容。可以点开每一项左侧的黑箭头来改变默认设置，增减安装内容，如图 1-2 所示。

安装过程根据向导一步步地进行即可。成功安装后，从"开始"菜单就能看到 Python 了，如图 1-3 所示。

其中 IDLE 为 Python 自带的图形界面集成开发环境,用于 Python 程序的设计和调试。IDLE

的图形窗口如图 1-4 所示，是一个可以交互式地输入语句的环境，也支持基本的编辑操作，如复制和粘贴等。对于已经执行过的语句，按 Alt+P 组合键可以上翻，按 Alt+N 组合键可以下翻，以避免重复录入。

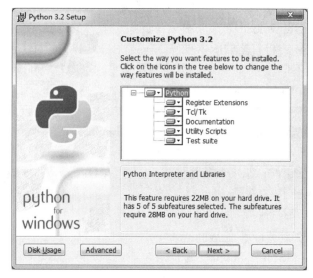

图 1-2　定制安装内容

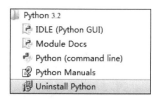

图 1-3　"开始"菜单

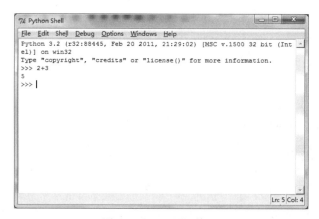

图 1-4　IDLE 图形窗口

　　如果要编辑大段的脚本，要单击交互环境中的 File→New Window 菜单命令新建一个窗口来完成大段脚本的输入，如图 1-5 和图 1-6 所示，然后用 File→Save 菜单命令保存为*.py 文件。新窗口中的编辑菜单 Edit 提供了多种常规的编辑操作命令。在 IDLE 环境下编辑脚本，不同数据类型、内置函数、语句等都会以不同的颜色显示，以帮助编程者及时发现脚本输入过程中的语法错误。比如，字符串常量是以引号括起来的，输入引号后，后面的内容自动变为绿色，表示字符串常量；Python 内置函数输入正确时为紫色，关键词等为橙色显示。当然颜色体系是可以进行设置的。

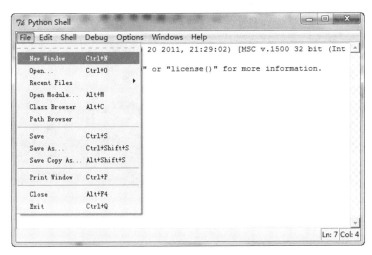

图 1-5 执行菜单命令

图 1-6 新建窗口

Command line 也提供 Python 的交互模式，是在命令行窗口运行的交互环境，如图 1-7 所示。进入该交互环境后，提示符为>>>。在提示符后可输入 Python 的表达式或语句。Python 的交互环境主要用于简单程序的交互执行和代码的验证、测试。输入一条语句或表达式后立即执行，并在下一行显示结果（如果有输出结果的话）。

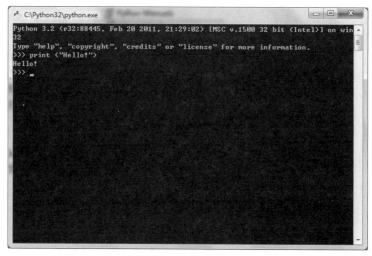

图 1-7　命令行窗口运行的交互环境

在命令行窗口的交互环境中，用光标键↑或↓可以上翻或下翻已经执行过的命令，以提高输入效率。

比自带的开发环境更好用的其他开发环境有很多，如 Anaconda、Pycharm、Wing 等。其中 Anaconda 是免费的开发环境，下载地址为 https://www.continuum.io。Anaconda 中不仅集成了调试工具 Spyder，还集成了交互编程环境 IPython，拥有众多用户。

Modules Docs 和 Manuals 是 Python 的文档和标准手册，是可供随时查阅的文档。从"开始"菜单中选择 Python 安装文件夹下的 Python Manuals 即可打开帮助窗口，如图 1-8 所示。

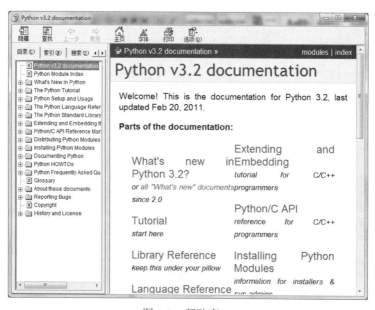

图 1-8　帮助窗口

在交互环境下同样可以使用 dir 和 help 来获得关于 Python 的函数、对象属性、方法等有关的帮助信息，具体做法如图 1-9 所示。

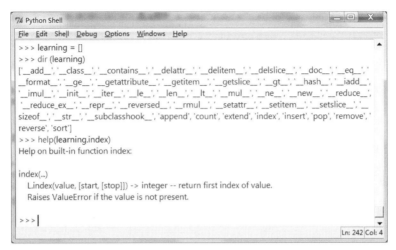

图 1-9　使用 dir 和 help 获得帮助

1.2.2　Linux、UNIX 和 Macintosh

在 Linux 下 Python 安装文件是一个或多个 rpm 压缩文件。下载解压缩后运行 config 和 make 命令，Python 可自动完成系统配置，也可以参照压缩包中的 readme 文件给出的步骤完成安装。有的针对 Linux 平台的 Python 为自解压安装文件，可以通过执行下面的命令自行安装，比如 Canopy 的安装。

```
bash canopy-1.5.3-rh5-64.sh
```

安装成功后，在 shell 提示符（终端窗口）后输入 python 就会出现 Python 的提示符>>>。

1.3　执行 Python 程序的方法

运行 Python 脚本有多种方式，如交互环境下运行、命令行窗口运行。Windows 和 Linux 平台还有各自的特点。

1. IDLE 环境运行

打开集成开发环境 IDLE，默认进入交互环境，出现提示符>>>。在 >>> 提示符后输入 Python 的语句或表达式，语句和表达式都会立即被执行。一次执行一条，语句正确时就显示表达式或语句运行的结果，方便计算表达式的值。有人甚至把 Python 的交互环境当作一个计算器来使用。交互环境下最后一个表达式的结果还被保存在一个特殊的变量 "_" 中，利用 "_" 变量构成新的表达式就可以直接在前面运算结果的基础上继续运算。交互环境下不仅可以使用常量，也可以定义变量。下面是交互环境下的操作实例（#后为注释部分，不执行）。

```
>>> 2+5
7
>>> (50 - 5.0*6)/4
5.0
>>> 0.1+0.2
```

```
0.30000000000000004              #请思考为什么
>>>17 // 5.0                      #floor 除法
3.0
>>>17 % 3                         #取余运算
2
>>> 3**2                          #指数运算
9
>>>50+_                           #特殊变量"_"保存最后一次的计算结果
59
>>> width = 20
>>> height = 5 * 9
>>> width * height
900
>>> X
Traceback (most recent call last):
    File "<stdin>", line 1, in <module>
NameError: name 'X' is not defined
```

Python 中使用变量前必须先定义变量。上面最后一个例子中，我们输入了一个没有定义的变量 X，解释器无法找到 X 的定义，因此提示名字错误。在交互环境下，即使输入的表达式或语句存在语法错误，Python 解释器也不会崩溃，而是有相应的错误提示信息，描述错误的位置和内容。换句话说，Python 在交互环境下具备异常处理功能。关于异常处理的知识将在第 8 章介绍。

注意： 在交互模式下，一次只能执行一条语句，而且输入的代码都不会被保存下来，关闭解释器时将全部消失。如果需要编写较长的脚本，应该利用文本编辑器编写，也可以利用集成开发环境 IDLE 来编辑脚本。选择 file→New Window 菜单命令新建编辑窗口。代码以.py 为扩展名保存，有的 IDLE 不提供默认的扩展名。

在交互模式下如果输入的是复合语句（目前可简单地认为复合语句是以":"结尾的语句），在第一行内容输入结束按 Enter 键后，提示符会自动变为"…"或自动缩进一定的距离，提示输入复合语句的剩余部分。需要特别注意的是，语句的缩进在 Python 脚本中相当重要，不同的缩进量反映了语句块的不同层次和关系。当结束复合语句的输入时，按两次 Enter 键就开始执行语句。例如下面的 for 循环语句是一个复合语句，其后缩进的语句块都是 for 循环体内的语句。

```
>>> for i in 'python':
…    print (i)
…
                                 #结束输入，运行
p
y
t
h
o
n
```

Python 3.x 后全面支持 Unicode 字符，因此字符串中可以包含中文。请看下面的输出结果。

```
>>> st="中英文 Hello"
```

```
>>> for ss in st:
        print(ss)

中
英
文
H
e
l
l
o
```

IDLE 环境下执行一段程序时，首先要打开脚本，然后选择 run→run Module 菜单命令或按 F5 功能键。

2．命令行窗口运行

在 Windows 系统中，执行"开始"→"运行"命令，在弹出的对话框中输入 cmd，打开命令行窗口。假设已经编辑完成了一段名为 myscript.py 的 Python 脚本文件，要运行 myscript.py 可以在命令行中输入：

```
C:\python32> python mysrcipt.py
```

Python 解释器加脚本文件是最简单的在命令行窗口中运行 Python 程序的方式。完整的命令行运行命令格式有些复杂，形式如下：

```
python [-BdEiOQsRStuUvVWxX3?] [-c command | -m module-name | script | - ] [args]
```

该命令中有多个参数，方括号括起来的参数是可选参数，如果所有参数都缺省，则只运行 Python 解释器，从而进入交互环境。第一个方括号内为多种选项参数，这里不一一介绍了；第二个参数-c 后为若干命令，是要求 Python 语句以指定的命令方式执行；第三个方括号内参数-m 后跟模块名，即将指定的模块作为程序的主模块，当程序由多个模块构成时这个参数才有用；最后方括号内的参数 args 为通用选项，常用的如-h 为帮助信息，-V 为显示当前 Python 的版本号。

3．Windows 环境下运行

在 Windows 平台一般通过双击 Python 脚本文件的图标是可以运行 Python 程序的，不过这样做会遇到一些问题，比如一些程序的运行结果（甚至包括错误提示）会一闪而过，不能像命令行窗口运行程序那样将结果停留在屏幕上。如果想看到程序的运行结果，一种解决方法就是打开脚本文件，在程序最后添加一条 input()语句，将文件保存后，再次双击运行程序，这样就可看到运行结果或错误提示了。因为当程序执行到最后的 input()时，会等待用户输入任意内容再关闭窗口。

在 IDLE 中，不仅提供编辑脚本的环境，同时还提供代码调试的功能。执行 Run→Run Modules 菜单命令就可执行正在编辑的脚本。运行结果和异常等都出现在交互环境下。这也算是一种窗口环境下运行 Python 脚本的方式。

4．Linux 和 UNIX 环境下运行

在 Linux 和 UNIX 环境下，用 chmod 命令设置脚本文件为可执行属性（+x），并在第一行代码中说明 Python 解释器的路径，就可以输入脚本文件名直接运行程序。假设 Python 解释器安装在/usr/local/bin/python 下，在脚本文件第一行添加这样一行信息：

```
#！/usr/local/bin/python
```

即在脚本文件的第一行说明 Python 解释器所在的位置。然后修改脚本文件的属性为可执行，之后直接输入如下脚本程序文件名即可运行程序：

```
%　myscript
```

1.4　交互环境 IPython/Jupyter

IPython 是一个强大的交互式计算环境。Python 的大部分功能都可以在 IPython 交互环境下完成。虽然 Python 自带的 IDLE 也是一种交互环境，但 IPython 提供了更丰富的功能，内置了许多很有用的函数，如魔术（magic）函数等，实现了交互式的数据可视化，并提供了高效的并行计算功能。IPython Notebook 则是基于 Web 的 C/S 技术开发的交互式计算文档格式，将 Python 的代码、图形、输入以及描述合并到一个文档中。目前已有很多学校将 IPython Notebook 作为计算机和其他专业的教学环境，成为 Python 编程、机器学习、数据分析等课程的教学工具，十分受欢迎。IPython Notebook 也称 Jupyter Notebook，因为 IPython 的内核为 Jupyter，可以在 Jupyter Notebook 和其他交互前端环境下使用 Python 语言。Notebook 文件的扩展名为.ipynb，是一个 json 格式的文件，包含了在交互会话中的输入输出。

1. 安装 IPython

如果系统已经安装了 pip，则可以用 pip 快速安装 IPython，安装命令如下：

```
pip install ipython
```

如果想使用 IPython Notebook 提供的 Web 界面，还需要安装内核 Jupyter，安装命令如下：

```
pip install jupyter
```

成功安装后，启动 IPython 的界面出现如下提示：

```
Python 3.6.0
Type 'copyright', 'credits' or 'license' for more information
IPython 6.0.0.dev -- An enhanced Interactive Python. Type '?' for help.

In [1]:
```

注意到 IPython 的提示符不是 Python 通常的>>>，而是"In[N]:"。在 In[1]:后面输入语句或表达式，按 Enter 即可执行。语句 N 运行的输出结果显示在"Out[N]:"后面，如下：

```
In [1]:print ("Hello, IPython!")
Hello, IPython!
In [2]: 21 * 2
Out[2]: 42
```

IPython 提供了 Tab 键代码自动补全、自动缩进功能，还有以%开头的"魔术命令"。用 %magic 命令就可以显示所有魔术命令的详细文档。常用的魔术命令有：

- %quickref：快速查询 magic 命令。
- %run script.py：在 IPython 中运行脚本文件 script.py。
- %time statement：测试 statement 的运行时间。
- %hist：显示所有会话中输入命令的历史记录。

更多关于 IPython 的使用请自行参考 IPython 的相关文档，网址为 http://ipython.readthedocs.io /en/stable/index.html。

本章小结

本章介绍了 Python 语言的四个特点，这些特点使 Python 获得了广泛的支持和应用。本章的重点是如何在不同平台下安装 Python 及运行 Python 脚本。这些准备工作做好后，就可以正式开始 Python 的学习了。当然也可以下载安装 IPython，在 IPython 提供的更强大的交互环境中学习 Python。

安装时请注意计算机的系统，并选择相应的 Python 版本，因为 Python 2.7.x 和 Python 3.x 尽管核心内容相同，但是两个不同版本的程序不兼容，不能在相互的解释器中运行。由于越来越多的程序支持 Python 3.x，Python 2.7.x 之前的版本正在逐渐退出，本书的所有例子均在 Python 3.x 版本下运行。在本书的附录部分列出了这两个版本的主要差别，以供参考。

习题 1

1. Python 作为脚本语言，和 C++等编译语言的主要区别是什么？Python 语言突出的特点是什么？

2. Python 的命令行窗口和 IDLE 交互环境的主要用途是什么？在使用上有什么特点？

3. 若想在个人计算机平台上安装 Python，建议安装哪个版本？

4. 运行 Python 程序有哪几种方式？分别适用什么环境？

5. 在 IDLE 交互环境下输入下面的 Python 语句并执行，查看分析运行结果，尝试给语句添加注释。

```
>>> 3*5
>>> 15/2
>>> 23//5
>>> 23%3
>>>"Hi, Python!"
>>> print ("Hi, Python!")
>>> x=input('Please input a digit:')
>>> s1='abc'
>>> s2='def'
>>> s1+s2
>>> for x in range(5):
        print (x)
>>> a= input('The length of a square is : ')
The length of a square is : 3
>>> a
>>> print ('The area of the square is: ', eval(a)*eval(a))
The area of the square is:   9
```

6. 如果想查看求和函数 sum()的帮助信息，可以使用什么语句？

7. 说出至少两种 Python 的运行环境或集成开发环境。

8. 用 input 函数接收用户输入的一个圆的半径值，计算输出圆面积（圆周率可使用 3.14）。

9. 在 IDLE 环境下输入并执行下列 Python 脚本，查看用 Python 的 PIL 模块处理图像后得到的效果。了解 Python 的第三方模块。

```
>>> from PIL import Image                               #导入模块 Image
>>> from PIL import ImageFilter                         #导入模块 ImageFilter
>>> im=Image.open(r'C:\Users\Public\Pictures\Sample Pictures\Chrysanthemum.jpg')
                                                        #打开一个图像文件
>>> e33 = im.filter(ImageFilter.CONTOUR)                #处理图像
>>> e33.save(r'C:\Users\Public\Pictures\Sample Pictures\Chrysanthemum-2.jpg')
                                                        #保存处理后的图像
```

第 2 章 Python 内置对象类型

Python 语言以面向对象设计技术为基础，把程序中的每一种类型都视作一个对象。Python 中内置了很多基本对象类型，并为内置对象定义了标准的方法，这些方法功能强大且十分高效。内置对象和方法方便了用户的开发工作，同时也是构成更复杂对象类型的基础。本章介绍 Python 主要内置对象类型的定义、方法和应用，是 Python 语言学习的核心内容之一。

内置对象可分为简单类型和容器类型。简单类型主要是数值数据和字符串，容器类型是可以包含其他对象类型的集体，主要有序列、元组、映射、集合。每个对象都有标识（identity）、类型（type）属性和值（value）属性，其中标识可以理解为指向对象存储位置的指针的名字，而类型（type）属性是表明它属于哪个类。

Python 3 的数值数据包括整型（int）、浮点型（float）、复数（complex）和布尔型（bool）等。容器型对象中的序列是指元素按顺序存储的一类对象，主要包括列表（list）、元组（tuple）等类型。字符串（string）的字符是顺序存储的，也有序列类型的一些特征。映射是通过键来访问值的一种结构，Python 中唯一的映射类型是字典（dict）对象。集合包括普通集合（set）和冻结集合（frozenset）两类。还有一种对象为 None，是空对象。

对象都有数据属性（attribute）和内置的方法（build-in method）。对象的方法是指那些可以执行的、作用于对象的某种操作。对象的属性和方法都可以通过点操作符（.）来引用。

学习目标

- 掌握数字、列表、元组、字符串、字典、集合等内置类型的特点。
- 掌握主要内置对象的方法及应用。
- 学习利用内置对象实现简单任务编程。

2.1 数字

数字是最基本的数值类型。Python 中的数值可以是各种数，包括整数、浮点数、复数（分实部和虚部的数）、布尔类型的数（只有 True 和 False 两个值）四种。前面已经提到，Python 的交互环境可以作为一个计算器来使用，直接输入表达式就能立刻得到运算结果。下面就通过在交互环境下运行与数字有关的表达式来认识这些数字。

```
>>> 3*5              #整数运算
15
>>> 16.8/8           #浮点数运算
2.1
>>> bool(10)         #布尔类型，非 0 数据的 bool 值为 True
True
>>> bool("")         #空字符串的 bool 值为 False
```

```
False
>>> x=1+2j              #复数
>>> y=3+4j
>>> x+y                 #复数的运算，结果为复数
(4+6j)
```

　　整数、浮点数、复数存在逐渐扩展的关系，也就是说，整数是浮点数的一个子集，浮点数是复数的子集。Python 3.x 中，在需要的情况下，数值运算结果的类型自动扩展为上一级。比如：

```
>>> 30+50               #整数之间运算结果为整数
80
>>> 50-30.0             #整数和浮点数混合运算，结果为浮点数
20.0
>>> 100/3
33.333333333333336      #整数之间的除法，先转换为浮点数再除，结果为浮点数
>>> 18/3
6.0
>>> 2+4-5j              #整数或浮点数和复数混合运算，结果为复数
(6-5j)
```

2.1.1　数字常量

　　在 Python 中允许使用数字常量的多种格式，如常规的表示数字的方法：123 表示十进制的整数，-1.23 表示浮点数。还可以使用科学记数法表示浮点数，如 3.2e-10 或 3.2E-10 都表示 3.2×10^{-10}。除了默认的十进制数，还可以使用二进制、八进制、十六进制等来表示常数，不过要在这些数前添加前缀以和十进制数区分，二进制数、八进制数和十六进制数的前缀分别是 0b、0o 和 0x。下面是数据运算的例子。

```
>>> 3+5*2-6
7
>>> 8/5
1.6
>>>8//5
1
>>> 2**5/8
4.0
>>> 2.75%0.5
0.25
```

　　Python 3.x 中除法运算有两种：一种是通常意义上的除法，除法的两个操作数如果都是整数，会先做浮点数类型转换，然后再相除得到浮点数的商；另一种除法只得商的最大整数部分，这种除法也称 floor 除法。取余数运算符为%，得到除法的余数部分。

2.1.2　表达式操作符

　　表达式是处理数值的基本工具，除了最基本的算术运算（+、-、*、/），其他常用表达式运算符及其功能描述如表 2-1 所示。

表 2-1　表达式运算符及其说明

类别	操作符	说明
算术运算符	**	幂运算，如 x**3
	-	一元减法，如-x
	+、-、*、/	加（或字符连接）、减（或集合差）、乘、除
	%	取余数
	//	floor 除法
逻辑运算符	<<	左移
	>>	右移
	&	按位"与"运算
	|	按位"或"运算
	^	按位"异或"运算
	~	按位"求补"运算
	and	逻辑与。x and y 时若 x 为 False，返回 x，否则返回 y
	or	逻辑或。x or y 时若 x 为 True，返回 x，否则返回 y
	not	逻辑非
比较运算符	==、!=	相等、不相等
	<、<=	小于、小于等于
	>、>=	大于、大于等于
测试运算符	in、not in	成员关系测试：属于、不属于
	is、is not	对象实体一致性测试：一致、不一致

　　在表达式中如果有多个运算符，应注意运算的顺序。影响表达式运算顺序的因素包括运算符的优先级、运算符的结合方式和括号。常用运算符的优先级次序如表 2-2 所示。

表 2-2　运算符的优先级

优先级序号	运算符	举例
1	一元运算+、-	+x、-x
2	**	x**y
3	*、/、%	x*y、x/y、x%y
4	+、-	x+y、x-y
5	<、<=、==、!=、>、>=	x<y、x==y、x>=y
6	not	not x
7	and	x and y
8	or	x or y

同级的运算符根据运算符的结合方式是从左到右还是从右到左而定。一元运算符是左结合的，算术运算符是右结合的。在构成表达式时运算符的优先级次序十分重要，必要时应使用括号()来规定运算的优先级次序。下面是更多的表达式及在交互模式下的结果。

```
>>> 10%3
1
>>> -5**3
-125
>>> 2<<2
8
>>> 16>>1
8
>>> 4&16          #按位与
0
>>> 4|16          #按位或
20
>>> 4 and 16      #第一个数值不是 False，返回第二个数值
16
>>> 4 or 16       #第一个数值为 True，返回第一个数值
4
>>> -1.0 ==1
False
>>> 0.1+0.2 == 0.3   #受计算精度的影响
False
>>> 3.14<=3.141
True
>>> 24/5+3*2/3
6.8
>>> 2<3 and 5>4
True
```

运算符中的比较运算符并不局限于数值的比较。Python 中字符串、列表、字典以及用户自定义的类都是可以进行比较的。其中字符串比较的是字符串 ASCII 值；列表是依次比较两个列表对应位置的元素，直到能得到 True 或 False 值；字典比较的是相同的键对应的值。实例如下：

```
>>> x='abc'
>>> y='ABC'
>>> x<y
False
>>> x=[3.5, 3.7,9.9]
>>> y=[3.5, 3.3, 8,8]
>>> x>y
True
>>> x={'a':3, 'b':-5, 'c':4.5}
>>> y={'a':2.2, 'b': -3}
>>> x['a'] >y['a']
True
```

Python 中与数值运算有关的内置函数主要有绝对值函数 abs、四舍五入函数 round、幂指

数函数 pow、最大值函数 max 和最小值函数 min。还有 3 个类型转换函数：将浮点数转换为整数的 int、将整数或字符串转换为浮点数的 float 和生成复数的 complex。下面是应用实例。

```
>>> abs(-15.3)
15.3
>>> abs(3-4j)                #复数的绝对值等于求复数的模
5.0
>>> pow(3,5)                 #等同于求 3**5
243
>>> round(100/3,2)          #第 2 个参数为保留小数的位数，默认为 0
33.33
>>> max(-1,-5,5,9)
9
>>> min(0,0.5,-0.001)
-0.001
>>> int(-8.9)
-8
>>> float(99)
99.0
>>> complex(5)
(5+0j)
```

Python 安装时默认安装了常用数学工具模块 math。导入 math 模块后可以实现平方根、三角函数、幂对数等更复杂的数学计算。更多关于模块的内容将在第 6 章介绍。下面先认识下 math 模块的常用函数。

```
>>> import math
>>> math.pi                  #math 中的常量 π
3.141592653589793
>>> math.sqrt(math.pi)       #求 π 的平方根
1.7724538509055159
>>> math.sin(math.pi)        #求 sin(π)
1.2246467991473532e-16
>>> math.log(2,10)           #以 10 为底 2 的对数
0.30102999566398114
```

我们通过 dir（math）可以列出 math 模块中定义的函数（func），再利用 help（math.func）了解该函数的功能和使用格式。

2.1.3　数字的其他类型

1. 分数（fraction）

除了浮点数，Python 还支持分数表示实数的形式。分数的分子和分母，分别作为 Fraction 函数的两个参数，即 Fraction(x,y)表示分数 x/y。分数避免了浮点数的某些不精确性和局限性，但构建分数需要先导入分数模块 fractions。分数构建后，可以和其他数据一样出现在表达式中。当然，还可以将浮点字符串转换为分数。

```
>>> from fractions import Fraction    #从 fractions 模块导入分数 Franction 函数
>>> x=Fraction(2,3)                   #x 的值为 2/3
>>> y=Fraction('1.25')               #浮点字符串转换为分数
```

```
>>> x+y
Fraction(23, 12)                    #分数直接参与运算，结果为分数
>>> x+2.0
2.6666666666666665
```

2. 布尔型（bool）

布尔型对象只有两个值：True 和 False。Python 中空数据类型的布尔运算结果均为 False。布尔型实际上是整型的一个子类。条件比较运算的结果为布尔型数据，因此布尔结果通常作为程序分支或循环的测试条件来使用。

3. 复数（complex）

复数是由实部和虚部组成的数，形如 2+3j。其中虚部是必需的，虚部的后缀可以是 j 或 J。Python 重载了很多支持复数的运算，比如复数的四则运算+、-、*、/等，复数的运算结果仍为复数。

```
>>> x=2+3j
>>> y=5+2j
>>> x+y
(7+5j)
>>> x-y
(-3+1j)
>>> x*y
(4+19j)
>>> x/y
(0.5517241379310345+0.37931034482758624j)
```

2.2 列表和元组

列表和元组都属于序列类型（sequence）。序列类型对象的元素是有序存放的，也就是说序列元素都有其位置编号。访问序列元素是通过其位置编号进行的。有序存储和按位置索引的序列对象有一些通用的特点和操作。下面先介绍列表，再介绍通用序列操作。

2.2.1 列表

列表（list）是一种可变（mutable）序列类型。列表的元素用方括号括起，元素之间以逗号分隔。列表是个容器型对象，也就是说，列表的元素可以是任何类型的对象，数字、字符串、列表、元组、字典等都可以作为列表的元素。一个列表可以由多种类型的对象构成，元素个数不限。列表的元素有序存放，从左到右，元素的位置编号是从 0 开始的整数。通过这个位置编号来访问列表元素，位置标号置于方括号中，形如"列表名[编号]"。

注意：也可以使用负数索引列表的元素，最右（后）一个元素的编号是-1，依此类推。图 2-1 所示是列表元素和位置的说明。

下面通过这些例子来理解列表及其元素的访问方式。列表元素可以是任何类型的混合数据构成。无论多复杂的结构，都是按照位置索引的。

```
>>> negeven=[-1,-2,-4,-6,-8]
>>>negeven[0]
```

```
-1
>>>negeven[4]
-8
>>>negeven[-2]                    #负数位置索引
-6
>>>list1=['a', 'b', 'c']
>>>list2=['c', 'd']
>>>list3=list1+list2             #+运算用于合并两个列表
>>>list3
['a', 'b', 'c', 'c', 'd']
>>>list4=[list1,list2]           #列表作为新列表的元素，实现列表嵌套
>>>list4
[['a', 'b', 'c'],['c', 'd']]
>>>list4[-1]                     #list4 的最后一个元素是列表
['c', 'd']
>>>person1=['Ada', 'm',20]       #混合数据类型
>>>person2=['Linda', 'f',19]
>>> [person1, person2]
[['Ada', 'm',20], ['Linda', 'f',19]]
```

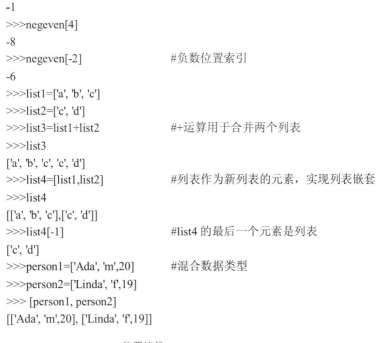

图 2-1　列表的元素和位置编号

不包含任何元素的列表为空列表，表示为[]。还需要说明的是，列表是一种可变对象类型，也就是说可以在原地修改列表。可以通过索引位置修改原来列表的一个或多个元素的值，或者说为列表的索引位置赋值时不会生成新的列表。列表的元素是可以任意增加的，向列表中添加元素的操作如 append、extend 就可以增加列表长度。

```
>>> L=[2,4,6,8]
>>> L[0]=1                       #修改位置 0 的元素
>>> L
[1, 4, 6, 8]
>>> L[-2]=5
>>> L
[1, 4, 5, 8]
>>> L[1:3]='a','b'               #局部修改列表的内容
>>> L
[1, 'a', 'b', 8]
```

2.2.2　通用序列操作

序列主要包括列表、元组和字符串。针对这些有序存储的序列对象，Python 设计了一组通用的操作。因此介绍列表的操作前，先介绍这些针对序列的通用操作。

1. 索引

索引是访问序列对象的主要方式，即通过位置编号引用序列中的元素。索引一般为整数，放在方括号中。如定义一个列表 mylist：

mylist=[1,3,5,9,12,15]

得到下述的列表元素位置情况。

mylist：

1	3	5	9	12	15

index： 0   1   2   3   4   5

　　　　 -6   -5   -4   -3   -2   -1

```
>>>mylist[3]                    #读取列表元素
9
>>> mylist[-2]='abc'           #为指定位置的元素赋新值
>>> mylist
[1, 3, 5, 9, 'abc', 15]
>>> mylist[10]                 #引用一个不存在的元素位置出错
Traceback (most recent call last):
    File "<pyshell#17>", line 1, in <module>
        mylist[10]
IndexError: list index out of range
```

需要注意，Python 中不允许引用序列中不存在的元素，否则引发异常类型 IndexError，如上面最后一个例子的情况。另外，列表是可变类型，因此可以通过为指定位置的元素赋值来修改列表。但是对于序列对象中一些不可变（immutable）的对象类型，如字符串和元组，它们就不能修改指定索引位置的值，因为字符串和元组是不允许原地修改的，只能通过索引读取序列的元素。

2. 分片

分片是从序列中切出部分元素的操作。分片操作可以非常灵活地截取部分序列元素，还能对截取的元素进行逆序排列等，在赋值和删除操作中应用十分广泛。假设已经定义了一个名为 somelist 的序列，a、b 分别表示索引位置，有两种序列分片操作的格式。

格式 1：

somelist[a:b]

这种格式返回序列索引 a 到 b-1（含）之间的元素，位置增量步长缺省为 1。

注意：分片结果中不包括索引位置为 b 的元素。一般从左到右的分片要求索引 a<b，否则得到的将是一个空序列。但并不要求索引 a 和 b 一定为正值。实际上，索引为负值意味着索引从序列的右侧开始。格式 1 中的 a 或 b 的值也可以缺省，如果缺省起始位置 a，表示从序列的第一个元素开始分片，亦即从索引位置 0 开始分片；如果缺省结束位置的值 b，则表示切片一直延伸到序列的结尾，也就是索引位置为-1 的那个元素。很明显，somelist[:] 就表示复制全部序列。下面的例子展示了各种各样的分片操作。

```
>>> mylist=[1,3,5,9,12,15]
>>>mylist[1:3]
[3,5]
```

```
>>> mylist[3:1]          #开始位置大于结束位置，分片得到空序列
[]
>>> mylist[-4:-1]        #负数索引的分片
[5, 9, 12]
>>> mylist[3:]           #缺省结束位置，延伸到序列结尾
[9,12,15]
>>> mylist[:-2]          #缺省开始位置，从序列开头开始截取
[1,3,5,9]
>>> mylist[:]
[1,3,5,9,12,15]
```

格式 2：

```
somelist[a:b:c]
```

格式 2 的分片将得到 a 到 b-1 之间间隔为 c 的元素，c 为位置间隔的增量，可以为正数也可以为负数。当 c 为负数时，表示逆序分片，即要求分片的开始位置大于结束位置。类似地，可以缺省开始和结束位置。somelist[::-1] 将得到 somelist 的逆序序列。下面继续来看几个利用格式 2 进行分片的例子。

```
>>> mylist=[1,3,5,9,12,15]
>>> mylist[1:4:2]
[3, 9]
>>> mylist[5:2:-2]
 [15,9]
>>> mylist[::-1]
[15, 12, 9, 5, 3, 1]
>>> mylist=mylist[1:]
>>> mylist
[3,5,9,12,15]
>>> mylist=mylist[:-1:2]
>>> mylist
[3,9]
```

3．序列加

序列加是连接序列的操作，将两个序列连接成为一个序列。

注意： 只有同种类型的序列才能连接，比如连接两个字符串、合并两个列表等，但不能是一个列表和一个字符串连接。如果连接的类型不同，就会报类型错误 TypeError。序列加是一种增长序列的方法。

```
>>> [2,3]+[5,6,7]           #合并列表
[2, 3, 5, 6, 7]
>>> 'hello'+'world'+'! '     #连接字符串
'hello world!'
>>> [1,3]+'hello'            #不同类型的序列不能连接
Traceback (most recent call last):
    File "<pyshell#6>", line 1, in <module>
        [1,3]+'hello'
TypeError: can only concatenate list (not "str") to list
```

4. 序列乘

序列乘法也用于扩充序列，是填充具有重复内容的序列的一种十分高效的方法。序列通过乘以一个整数 n 就可以得到重复 n 次的一个序列。因此，序列乘法经常用于序列的初始化，给元素一个统一的初值。

```
>>> 'Spam' *3              #重复的字符串
'SpamSpamSpam'
>>> [1,2,3]*5              #内容重复的列表
[1, 2, 3, 1, 2, 3, 1, 2, 3, 1, 2, 3, 1, 2, 3]
>>> ['a',[1,2],'b']*2      #复杂结构的列表的乘法
['a', [1, 2], 'b', 'a', [1, 2], 'b']
>>> L=[1,2,3]
>>>X=L*3
>>>X
[1,2,3,1,2,3,1,2,3]
>>>X=[L]*3                 #注意和上面 L*3 的差别
>>>X
[[1,2,3],[1,2,3],[1,2,3]]
```

请注意例中最后两个列表乘法结果的差异，思考为什么是那样的结果。

5. 成员资格

成员资格用于检查一个元素是否属于一个序列，通常用 in 运算符检测成员资格。其实，in 不仅用于序列成员如列表、元组和字符串的元素检测，还可以用于字典对象键的检测。如果该元素属于序列，成员资格检查就返回 True，否则返回 False。

```
>>> 'x' in 'python'        #一个字符串是否是另一个的子串
False
>>> 'py' in 'python'
True
>>> 0 in [3,4,6,0,6]       #元素是否是列表元素
True
```

6. 序列的内置函数

序列的内置函数有很多，常用的有求序列长度（即序列中元素的个数）的 len 函数、求序列中最大值的 max 函数、求序列中最小值的 min 函数、返回序列编号和元素的 enumerate 函数等。调用这些内置的函数时，把传入的序列参数置于圆括号中即可。

```
>>> min([3,4,6,0,6])
0
>>> max([3,4,6,0,6])
6
>>> len([3,4,6,0,6])
5
>>> len('Python world')
12
>>> for i, v in enumerate(['tic', 'tac', 'toe']):
        print (i, v)
0 tic
1 tac
2 toe
```

2.2.3　列表的基本操作

除了对列表应用通用的序列操作，针对列表的基本操作还包括列表元素的赋值、插入、删除、排序等。列表是可变对象类型，因此这些操作都是对原列表的修改，并不生成新的列表，这是一个很重要的特点，使用列表操作时需要注意。

1. 赋值

列表元素赋值的格式是：

```
list[index]=value
```

如果是单个索引，就是单个列表元素的赋值。如果同时给多个列表元素赋值，可以使用强大的分片功能来赋值。下面是列表赋值的几个实例。

```
>>> data1=[-1,0,1]
>>> data1[1]= data1[1]+1
>>> data1
[-1,1,1]
>>> name=list('python')
>>> name
['p', 'y', 't', 'h', 'o', 'n']
>>> name[0]= 't'
>>> name
['t', 'y', 't', 'h', 'o', 'n']
>>> name[1:]='erl'          #利用分片为多个位置赋值
>>> name
['t', 'e', 'r', 'l']
>>>name[:3]= 'pul'
>>> name
['p', 'u', 'l', 'l']
```

例子中，用到了一个常用的类型转换函数 list。list(string)返回一个列表对象，字符串 string 的每个字符转换为列表的一个元素。

2. 删除元素

删除列表中指定位置的一个或多个元素的操作是 del，格式为：

```
del listname[index]
```

同样，可以利用分片功能灵活地删去多个列表元素。

```
>>> name=['p', 'y', 't', 'h', 'o', 'n']
>>> del name[-2:]
>>> name
['p', 'y', 't', 'h']
 >>> del name[:2]          #从开头删到索引为 2 的元素
>>> name
['t', 'h']
>>> name=['p', 'y', 't', 'h', 'o', 'n']
>>> del name[::2]          #每隔一个元素删去一个
>>> name
['y', 'h', 'n']
```

若要删除整个列表，使用命令 del listname。整个列表删除后，该列表名将从命名空间中释放，再次引用该列表就会触发异常。当然，可以通过赋值语句重新定义这个列表。打印一个空列表时，将打印[]，示例如下：

```
>>> del name
>>> name

Traceback (most recent call last):
   File "<pyshell#13>", line 1, in <module>
       name
NameError: name 'name' is not defined
>>> name=[]
>>> print (name)
 []
```

2.2.4　列表对象的基本方法

列表通过赋值定义后，生成列表对象。对列表对象，可以直接调用对象内置的方法。调用列表对象方法用圆点操作符，格式如下：

```
list.method()
```

下面讲述常用列表的基本方法。

1.　添加元素 append

append 的功能是向列表尾部添加一个元素。调用 append 时将新添加的元素作为参数传入。向列表添加元素是扩展列表长度的常用方法。列表长度不限。

```
>>> alpha=['a','b','c']
>>> alpha.append('a')
>>> alpha
['a', 'b', 'c', 'a']
>>>alpha.append([1,2])
>>> alpha
['a', 'b', 'c', 'a',[1,2]]
```

2.　计数 count

count 的功能是统计某个元素在指定列表中出现的次数。当需要统计元素在列表中重复的次数时可以使用这个方法。不在列表中的元素的统计结果为 0。

```
>>> alpha=['a', 'b', 'c', 'a']
>>> alpha.count('a')
2
 >>> alpha.count('d')
     0
```

3.　添加多个元素 extend

append 方法只能一次向列表中添加一个元素。如果需要在列表尾部添加多个元素，就需要用 extend 方法。extend 的调用格式如下：

```
listname.extend(序列对象）
```

```
 >>> alpha=['a', 'b', 'c', 'a']
>>> alpha.extend(['e','f'])          #将列表元素添加到原列表的尾部
>>> alpha
```

```
['a', 'b', 'c', 'a', 'e', 'f']
>>> alpha.extend()                    #添加的元素以元组形式传入
['a', 'b', 'c', 'a','e', 'f', 1,2,3]
>>> a=[1,2,3]
>>> a.extend('abcd')                  #如果字符串为参数，则会将字符串转换为列表
>>> a
[1, 2, 3, 'a', 'b', 'c', 'd']
```

前面介绍过序列相加增长列表的例子。通过序列加法来增加列表元素的数目的方法和 extend 增长列表的方法不同，两列表相加将生成一个新的列表，而 extend 是对原来列表的扩充，是对原列表的修改，不生成新的列表。

4. 检索 index

index 的功能是在列表中检索第一个匹配项的位置，格式如下：

```
listname.index()
```

index 的参数就是要检索的内容。如果存在该内容，就返回第一个匹配元素在列表中的位置。如果内容不存在，就给出一个错误信息 ValueError。

```
>>> Surname=['Zhang','Wang','Li','Sun','Qian']
>>> Surname.index('Wang')
1
>>> Surname.index('Bai')

Traceback (most recent call last):
    File "<pyshell#22>", line 1, in <module>
        Surname.index('Bai')
          ValueError: 'Bai' is not in list
```

为避免检索一个不存在的元素，可以先通过成员资格检查，当元素存在时再用检索返回具体的位置。

5. 插入对象 insert

insert 是向列表中插入对象的另一种方法，和 append、extend 一样都有扩充列表的功能，调用格式如下：

```
listname.insert(位置编号，插入对象)
```

功能是将 insert 中指定的对象插入到指定位置编号之前。插入操作也是原地修改列表的操作，不生成新列表。位置编号-1 代表列表的最后元素的位置，因此插入位置是-1，将在最后一个元素之前插入。

```
>>>Surname.insert(-1, 'Liu')
['Zhang', 'Wang', 'Li', 'Sun', 'Liu', 'Qian']
>>> Surname.insert(-1,['Wu','Huang'])
>>> Surname
['Zhang', 'Wang', 'Li', 'Sun', 'Liu', ['Wu', 'Huang'], 'Qian']
```

6. 弹出元素 pop

列表是一个有序数据类型，与堆栈有类似之处，因此列表可以用来模拟堆栈。pop 方法是将列表中的一个元素删去的操作，和删除元素的 del 方法有异曲同工之效。该操作有返回值，返回值就是从列表弹出的元素。但是 del 方法没有返回值，而 pop 是有返回值的，这是两者的不同。pop 方法的调用格式如下：

listname.pop([元素位置编号 i])

pop 操作允许指定删除元素的位置，而一般的堆栈操作应该满足"先进后出，后进先出"的原则，所以列表的 pop 只能模拟堆栈操作。pop 方法中位置编号 i 是可以缺省的，缺省时，listname.pop()表示从列表末尾删除一个元素并返回该值，这时才和堆栈相似。

```
>>> Surname
['Zhang', 'Wang', 'Li', 'Sun', 'Liu', 'Qian']
>>> Surname.pop()           #删除最后一个元素
'Qian'
>>> Surname
['Zhang', 'Wang', 'Li', 'Sun', 'Liu']
>>> Surname.pop(0)          #删除第一个元素
'Zhang'
>>> Surname
['Wang', 'Li', 'Sun', 'Liu']
>>> Surname.pop(1)          #继续删除第二个元素
'Li'
>>> Surname
['Wang', 'Sun', 'Liu']
```

7. 移除第一个匹配项 remove

remove 方法的调用格式如下：

listname.remove(x)

移除操作执行时首先在列表中检索是否存在要移除的内容 x，将遇到的第一个匹配项从列表中删除，并对其后面的元素重新编号。和大多数列表的方法类似，移除操作也在原地改变列表，并没有任何返回值。当然，如果没有找到要匹配的项，则出现数值错误异常（ValueError）。

```
>>> x=['This','That','There','Those','That']
>>> x.remove('That')             #移除指定元素
>>> x
['This', 'There', 'Those', 'That']
>>> x.remove('They')             #不存在移除的内容

Traceback (most recent call last):
File "<pyshell#6>", line 1, in <module>
x.remove('They')
ValueError: list.remove(x): x not in list
```

8. 逆转 reverse

如果想把列表中的元素次序逆转，使用 reverse 操作就可以做到。注意，该方法也是在原位置修改列表，无任何返回值。如果想将逆转后的列表生成一个新的列表，不能把 reverse 的返回值赋给一个列表，这样只能得到一个空列表。列表 reverse 方法的这一点经常被初学者忽视而犯错。如果要同时保留原列表和逆转后的列表，可以先将原列表复制一份再进行逆转。

注意：不能通过赋值语句将列表赋值给另一个列表，因为赋值语句并没有复制列表，只是多了一个指向同一个列表的指针。关于这一点，将在下一章深入讨论。

```
>>> x
['This', 'There', 'Those', 'That']
```

```
>>> x.reverse()
>>> x
['That', 'Those', 'There', 'This']
>>>y= x.reverse()
>>>print(y)            #y 为空值
None
>>> y=x[:]             #复制列表 x 为 y
>>> y.reverse()        #逆转 y
>>> x
['This', 'There', 'Those', 'That']
>>> y
['That', 'Those', 'There', 'This']
>>> y=x                #x 赋值给 y
>>> x
['This', 'There', 'Those', 'That']
>>> y
['This', 'There', 'Those', 'That']
>>> y.reverse()        #逆转 y
>>> y
['That', 'Those', 'There', 'This']
>>> x                  #x 也逆转
['That', 'Those', 'There', 'This']
```

9. 排序 sort

对列表的元素排序是个很常用的操作。sort 方法在默认的情况下是按照元素的升序重新排列原列表的元素。如果列表是由复杂元素构成的，也按照类似的规则排序。和列表上面的各个方法一样，排序也不生成新列表，而是对原列表的修改。所以试图将列表排序后赋值给另一个列表的操作也是徒劳的，y=x.sort()后，y 将是个空列表，其逻辑值为 None。

```
>>> alpha=['x','bde','bye']
>>> alpha.sort()                  #升序原地排序
>>> alpha
[ 'bde', 'bye', 'x']
>>> alpha.sort(reverse=True)      #逆序排序
>>> alpha
['x', 'bye', 'bde']
>>> newlist=alpha.sort()
>>> print (newlist)
None
>>> digit =[0, -4.1, 9.6, 9.61]
>>> digit.sort(reverse =True)
>>> digit
[9.61, 9.6, 0, -4.1]
>>> mixed =[ 'a', 30, 'A', 'D']
>>> mixed.sort()                  #混合元素组成的列表的排序异常
Traceback (most recent call last):
    File "<pyshell#9>", line 1, in <module>
```

```
mixed.sort()
TypeError: unorderable types: int() < str()
```

列表 sort 方法的详细格式如下：

```
list.sort(key=None, reverse=False)
```

sort 有两个主要参数，参数 reverse 表示是否逆序，reverse 的默认值为 False，即表示升序排序。修改 reverse 的值为 True 就可以实现逆序排序。排序的另外一个参数是排序的关键字 key，也就是排序的依据。比如，要根据列表元素的长度进行排序，就可以将长度函数 len 作为关键字，如下：

```
>>> letters=['this','is','a','sentence']
>>> letters.sort(key=len)                    #根据字符串长度排序
>>> letters
['a', 'is', 'this', 'sentence']
>>> letters.sort(key=len,reverse=True)
['sentence', 'this', 'is', 'a']
```

构建自定义排序关键字可以使用后面介绍的 lambda 函数。sort 的两个参数可以单独使用，也可以一起使用。

如果不想修改原列表而需要保留排序结果，可以用内置函数 sorted 排好序的列表复制到一个列表中，示例如下：

```
>>> a=[2,1,5,3]
>>> b=sorted(a)
>>> a
[2, 1, 5, 3]
>>> b
[1, 2, 3, 5]
```

2.2.5　列表的应用

列表是 Python 中十分重要的内置数据类型，经常用于实现堆栈、队列、矩阵等数据结构。前面已经介绍过，基于列表的 append 和 pop 方法可以方便地将列表作为堆栈来使用。用 append 在列表末尾添加元素，用不带位置编号的 pop 从列表尾弹出数据，就能很好地模拟堆栈操作。

```
>>> stack = [3, 4, 5]
>>> stack.append(6)
>>> stack.append(7)
>>> stack
[3, 4, 5, 6, 7]
>>> stack.pop()
7
>>> stack
[3, 4, 5, 6]
>>> stack.pop()
6
>>> stack.pop()
5
```

```
>>> stack
[3, 4]
```

列表嵌套可以构建矩阵。内部嵌套的列表元素作为矩阵的行元素，而行列表的每一个元素编号对应的位置就是矩阵的列号。通过列表索引来访问矩阵具体位置的元素。需要注意的是，列表元素编号都是从 0 开始，而矩阵的行列值可能从 1 开始。下面是个用列表构建的 3*3 矩阵的例子和矩阵元素的访问方法。

```
>>> vec = [[1,2,3],
        [4,5,6],
        [7,8,9]]            #列表矩阵可以多行格式定义
>>> vec[1][1]               #访问矩阵第 2 行第 2 列的元素
5
>>> vec[2][1]               #访问矩阵第 3 行第 2 列的元素
8
>>> vec[2]                  #访问矩阵的第 3 行，返回一个列表
[7, 8, 9]
```

2.2.6　列表的深层拷贝与浅层拷贝

列表拷贝时有浅层拷贝和深层拷贝之分。浅层拷贝可通过赋值语句和 list 函数完成，但也有所不同,通过赋值语句实际上是指向存储数据的指针的拷贝。下面的例子说明了两者的不同。深层拷贝需要通过 copy 模块中的 deepcopy 实现，是完全的列表复制。

```
>>> a=[1,2,[3,4]]
>>> c=a                     #通过赋值语句的浅层拷贝实际是指针的拷贝
>>> b=list(a)               #通过 list 函数的浅层拷贝
>>> b is a                  #b 和 a 是不同的对象
False
>>> c is a                  #c 和 a 指向相同的对象
True
>>> b[0]='a'
>>> b
['a', 2, [3, 4]]
>>> a                       #改变 b 的顶层元素，a 不变
[1, 2, [3, 4]]
>>> c[0]='a'
>>> c
['a', 2, [3, 4]]
>>> a                       #改变 c，a 也改变
['a', 2, [3, 4]]
>>> b[2][0]=-100
>>> b
['a', 2, [-100, 4]]
>>> a                       #改变 b 的深层元素，a 也改变
['a', 2, [-100, 4]]

import copy
>>>a=[1,2,[3,4]]
>>>b=copy.deepcopy(a)       #b 是 a 的深层拷贝
```

```
>>> b[2][0]=-100
>>> a                          #改变 b，a 不变
[1,2,[3,4]]
```

2.2.7　元组

　　元组（tuple）也是一种序列类型，是一种不可变序列对象。元组的元素是置于圆括号内由逗号分隔的任意对象。在不引起语法错误的情况下，一组用逗号分隔的值，系统也会自动地创建元组。也就是说，在没有歧义的情况下，元组也可以没有括号。所以如果元组中只有一个元素，不加括号时也要有逗号，否则就无法和单个值区分了。

　　元组和列表的方法很类似，也是按照位置索引元素，也有加、乘、索引、分片等操作，关键区别是元组是不可变类型，不能原地修改内容，而列表是可以原地改变的。所以要注意，凡是原地改变序列内容的方法元组都没有，例如删除某个元素的 remove、pop 等操作。元组的用途相比列表要小得多，它经常作为映射的键值、函数的返回值等。这是因为它不能原地修改的特性，元组保证了数据操作的完整性。虽然不能原地修改，但元组能重新赋值。整体重新赋值后，将生成一个新的元组。

```
>>> 1,2,3                          #没有括号的元组
(1, 2, 3)
>>> var = 0,                       #单个元素的元组
>>> var
(0,)
>>> mytuple=('abc', 'def',[2,5], 'yy')   #由多种类型元素构成的元组
>>> mytuple[2]                     #元组元素的引用
[2, 5]
>>> len(mytuple)
4
>>> mytuple[0:2]                   #元组的分片
('abc', 'def')
>>> mytuple[2]='abc'               #元组为不可变对象

Traceback (most recent call last):
    File "<pyshell#32>", line 1, in <module>
mytuple[2]='abc'
TypeError: 'tuple' object does not support item assignment
```

2.3　字符串

　　字符串（string）是一种序列类型的对象。字符串常量要用引号括起来。字符串和元组类似，也是一种不可改变的数据类型。也就是说，一旦生成，不可原地改变字符串的内容。但是可以整体改变，改变后的字符串可以赋予一个新名字生成另一个字符串。从 Python 3 开始不再区分 ASCII 码构成的字节字符串，都是 unicode 字符串，每个英文符号和中文字都是一个字符。

2.3.1　字符串常量

　　字符串常量是用单引号、双引号或三引号成对地括起来的。这三种引号并没有什么差别，

只要成对使用即可。具体情况可以灵活运用，在有歧义的地方用不同的引号可以消除歧义。比如，如果一个字符串中本身含有单引号时，我们就可以用双引号将字符串括起来，这样系统就不会将其中的单引号误以为是一个字符串的开头了。

常用 print 函数输出字符串。用 print 打印输出字符串时，将不带引号，并且解释字符串中的转义字符，如遇到换行符\n，就在新的一行打印。什么是转义字符？计算机中文本字符分为可打印字符和不可打印字符两大类。可打印的文本字符主要是英文字母、数字和标点，还有键盘上的几个常见符号。不可打印的字符主要指控制字符，例如回车、制表符（tab）、退格等。控制字符要用 "\" 开头的转义符来表示。在表 2-3 中列出了常见的转义字符及其含义。

表 2-3　转义字符及其含义

转义字符	含义	转义字符	含义
\a	响铃	\t	水平制表符
\b	退格	\v	垂直制表符
\f	换页	\xhh	十六进制数值
\n	换行	\ooo	八进制数值
\r	回车	\uhhhh	unicode16 位十六进制值

unicode 字符串常量在 Python 3.x 之前的版本中是以 u 开头的字符串。在 Python 3.x 版之后，全面支持 unicode 操作，unicode 字符也可以不用显式地用 u 开头了。

```
>>> print ('Hello, World!')
Hello World!
>>> print ("what's your name?")        #字符串内有单引号时，外部引号用双引号
What's your name?
>>> s = 'First line.\nSecond line.'     #\n 表示新的一行
>>> s                                   #不用 print 输出字符，将显示所有字符
'First line.\nSecond line.'
>>> print (s)                           #print 函数解释换行符
First line.
Second line.
```

如果字符串较长，输入时需要分在多行输入时，可以在非末行的行尾添加 "\"，这样表示该行的字符串和下一行是连续的。

```
>>> print ('this is \
     a long \
       sentence.')
this is    a long    sentence.
```

如果字符串更长，还可以用三个引号括起来，这样就可以输入包含换行在内的任意字符，形成一大段文字。三引号可以由三个单引号组成，也可以是三个双引号构成。'''和"""常见于多行注释，如函数和类的说明文档。有时也可以用来临时注释掉一些代码来调试程序。

```
>>> print ('''The sentence
     "Hello world!"
       is still here''')
The sentence
```

"Hello world!"

is still here

字符串中经常会出现一些特殊符号，比如要打印同时含有两种引号的字符串"Yes, it's a girl.",','和"本身都是字符串常量的开头标志。这时，可以通过对单引号和双引号进行转义来操作。特殊字符"\"的作用就是取消后面跟的特殊用途的字符的特殊性，将其视为普通字符处理。上面提及的字符串，可以用"\"取消单引号和双引号的特殊性，打印方法如下：

>>> print("\"Yes, it\'s a girl.\"")

"Yes, it's a girl."

在一些组成更复杂的字符串中，不能确定会出现哪些特殊字符，而如果不对特殊字符进行转义，就会带来意想不到的结果。来看下面这个例子。

>>> path='C:\nobody\myfile'　　　　#打印一个路径

>>> print (path)　　　　　　　　#意想不到的输出结果

C:

obody\myfile

>>> path='C:\\nobody\\myfile'

>>> print (path)

C:\nobody\myfile

上面这个例子是打印 Windows 的一个文件路径。路径中分隔目录的是"\"，碰巧后面目录名以 n 开头，而\n 为换行符，所有打印的内容换行了。因此需要对路径中的"\"符号进行转义处理，否则就可能出错。其他常用的转义字符参见表 2-3。

当很长的字符串中有很多像"\""""'"这样的需要转义的字符时，每一个都用\取消其特殊含义也是很麻烦的事。这种情况下就可以使用原始字符。原始字符是以 r 开头的字符串。遇到原始字符串，系统将其中所有内容均视为普通的字符，因此无须对其中的特殊字符一一转义。

>>> strs = r'This is the path "C:\path."'

>>> print (strs)

This is the path "C:\path."

除了文本字符串外，Python 也支持二值字符串，二值字符串以 b 开头。Unicode 字符编码支持 UTF-8 和 UTF-16。

2.3.2　基本字符串的操作

作为序列类型的一种，通用序列的操作如索引、分片、加、乘、成员检测、求长度等都适用于字符串，这里不再赘述，仅通过下面的例子来回顾一下。

>>> s='hello world'

>>> s[-1]　　　　　　　　#索引，访问不同位置的字符

'd'

>>> s[1:3]　　　　　　　　#分片，截取部分内容

'el'

>>> s+'! '　　　　　　　　#加，连接字符串

'hello world!'

>>> s*2　　　　　　　　　#乘，复制字符串

'hello worldhello world'

>>> s[::-1]　　　　　　　　#利用分片实现逆序排列

```
'dlrow olleh'
>>> list(s)              #将字符串转换为列表
['h', 'e', 'l', 'l', 'o', ' ', 'w', 'o', 'r', 'l', 'd']
>>> len(s)              #求字符串的长度
11
>> 'w' in s             #成员检测
True
```

另外字符串还有一些常用的其他方法，通过已经定义的字符串变量可以直接调用这些方法。格式方法的通用调用形式如下：

　　string.method()

1. 大小写转换的方法（upper、lower、swapcase、capitalize 和 title）

上面 5 种方法都可以对英文字母进行大小写的转换。upper 方法是将字符串的全部内容转换为大写字母，lower 是全部转为小写形式，swapcase 是大小写形式的互换，capitalize 则返回一个首字母大写的字符串的副本，title 将字符串中所有单词的首字母大写，其余部分小写，类似于文章标题的样子。由于字符串是不可变类型，调用这些方法都会生成新的字符串，不是在原地修改字符串。

```
>>> 'hello'.upper()
'HELLO'
>>> 'PYThon'.swapcase()
'pytHON'
>>> x='HELLO'.lower()
>>> x
'hello'
>>> 'hello'.capitalize()
'Hello'
>>> 'learning python is fun'.title()
'Learning Python Is Fun'
```

2. 从字符串删去空格或指定符号的方法（strip、rstrip、lstrip）

strip 用于删除字符串前后的空格或指定字符。在 Python 中，空格的概念比较宽泛，包括常规的空格、制表符和换行符。strip 方法的调用格式如下：

　　string.strip([char])

参数 char 是要删除的字符，如果缺省表示删除的是空格。strip 的返回值是删除指定字符后的字符串。注意删除不会影响原来的字符串，而是返回一个新的字符串。strip 可以从开头删，也可以从末尾删，因此 strip 又可分为两个类似的方法：rstrip 表示从字符串末尾删去，lstrip 是从字符串开头删去，它们的格式和 strip 完全相同。

```
>>> '!Hi,Python! '.strip('!')
'Hi,Python'
>>> '!Hi,Python!!'.rstrip('!')
'!Hi,Python'
>>> '!!!Hi,Python!'.lstrip('!')
'Hi,Python!'
>>> 'Hi,Python!      \n'.rstrip()
'Hi,Python!'
```

```
>>> s1 ='   hello   '
>>> s2 = s1.strip()
>>> s2
'hello'
```

3. 查找子串的方法（find、rfind）

在一个字符串中检索是否包含一个子串，子串作为参数传入 find。find 检索的方向是从左向右。类似的还有 rfind，查找子串时是从右到左进行，因此通常用于查找最后一个出现的子串。当找到指定的子串时，这两种方法返回子串的开始位置，即第一个字符的位置索引，否则返回-1。

```
>>> S='Test this!!!'
>>> S.find('!')
9
>>> S.find('?')
-1
>>> S.rfind(' ')              #右侧第一个空格
4                            #注意返回的位置索引依旧是从左侧索引位置
```

4. 子串替换方法（replace）

子串替换调用的格式如下：

```
replace(oldstr, newstr)
```

用新串 newstr 替换原串 oldstr。首先在字符串中检索原串，如果存在就以新串替换，否则不改变。但由于字符串是不可以改变的类型，replace 方法替换后将返回一个新的字符串，原串并不受任何影响。

```
>>> S='Test this!!!'
>>> S.replace('!','?')
    'Test this???'
>>> S
    'Test this!!!'           #替换后 S 不变
>>> NS=S.replace('?','!')    #通过赋值语句创建一个新的字符串
>>> NS
  'Test this!!!'
>>> str2='Hello World! '
>>> str2.replace('World', 'Python')
    'Hello Python!'
```

5. 翻译方法（translate）

translate 方法用来替换字符串中的单个字符。translate 和 replace 的功能类似，常用于替换字符串中某个特殊字符，比如从 UNIX 平台到 Windows 平台的文件格式变换时要替换换行符的操作就可以用 translate 方法。translate 的调用格式如下：

```
translate( table)
```

其中 table 是翻译表。翻译表是长度为 256 的字节对象，可以用 string 中的 maketrans()函数生成，反映要转换的字符间的映射关系。maketrans 函数要求传入一个字典类型的映射型对象或者两个等长的字符串，以说明转换字符之间的对应。例如：

```
>>> string ='1aaa2bbb3ccc'
>>> table = string.maketrans('123', 'ABC')    #生成把'123'分别映射为'ABC'的翻译表
>>> string.translate(table)
```

'AaaaBbbbCccc'

6. 分割串字符方法（split）

split 操作用于将一个字符串分割成若干子串，因此 split 的返回结果是一个列表。split 的调用格式如下：

split(sep, [maxsplit])

其中参数 sep 是指定的分割字符串的分隔符，如果分隔符缺省则表示以空格分割。参数 maxsplit 用于指定返回的结果列表中的元素数目的最大值，亦即最大分割数目减 1 的值。split 最常见的应用就是对英文文本的词汇分割。

```
>>> Sent='Test this!!!'
>>> Sent.split()
['Test', 'this!!!']
>>> Sent.split('!')
['Test this', '', '', '']              #3 个!将字符串分为 4 部分，返回一个由 4 个元素构成的列表
>>> 'Hi,Python!        \n'.split()      #以空格分割，得到只有一个元素的列表
['Hi,Python!']
>>> 'Hi, Python!        \n'.split(' ',2)  #指定最大分割数目，得到的列表有 3 个元素
'['Hi', 'Python!', '        \n']
```

7. 组合字符串方法（join）

join 方法和 split 是一对相反的操作，用于组合字符串。join 的调用格式如下：

sep.join(sequence)

表示以 sep 作为分隔符连接指定的序列 sequence，返回组合后的新字符串。

```
>>> '#'.join('abc')
'a#b#c'
>>> '\\'.join(['c:','python','lib'])
'c:\\python\\lib'
>>> num=['one', 'two', 'three']
>>> '/'.join(num)
'one/two/three'
```

8. 各种测试操作

Python 中内置了丰富的字符串测试方法，测试方法的返回结果是 True 或 False。测试方法要求字符串至少包括一个字符，否则都返回 False。常用的字符串测试方法如下：

● isalpha()：是否全部为字母，是则返回 True，否则返回 False。

● isalnum()：是否全部为字母和数字符号，是则返回 True，否则返回 False。

● isdigit()：是否全为数字，是则返回 True，否则返回 False。

● islower()：是否为小写形式，是则返回 True，否则返回 False。

● isupper()：是否为大写形式，是则返回 True，否则返回 False。

● isspace()：是否全部为空格，是则返回 True，否则返回 False。

● isprintable()：是否都是可打印的字符，是则返回 True，否则返回 False。

下面是更多运用字符串方法的例子，以帮助大家更好地理解和使用丰富的字符串方法。

```
>>> str2='Hello World!'
>>> str2.isalpha()
False
```

```
>>> str2.islower()
False
>>> str2.endswith(' ')
True
>>> 'a3'.isalnum()
True
>>> '12.3'.isdigit()
False
>>> '5e+3'.isalnum()
False
>>> '432'.isdigit()
True
```

关于字符串的操作还有几十种，下面通过表 2-4 来进行简要说明。

表 2-4　字符串的更多方法

字符串方法	说明
string.count(sub[,start[,end]])	计算子串 sub 的次数，搜索范围可由 start 和 end 指定
string.decode([encoding,[errors])	以指定编码方式对字符串解码，errors 为错误处理方式（strict、ignore、replace）
string.encode([encoding,[errors])	以指定编码方式对字符串编码，errors 为错误处理方式（strict、ignore、replace）
string.startswith(prefix[,start[,end]])	检测 string 是否以 prefix 开头，范围可由 start 和 end 指定
string.endswith(suffix[,start[,end]])	检测 string 是否以 suffix 结尾，范围可由 start 和 end 指定
string.ljust(width[,fillchar])	返回一个左对齐字符串副本，该串的长度为 max(len(string),width)，右侧用 fillchar（默认为空）填充
string.rjust(width[,fillchar])	返回一个右对齐字符串副本，该串的长度为 max(len(string),width)，左侧用 fillchar（默认为空）填充
string.partition(sep)	在字符串中搜索 sep，返回被 sep 分割的三部分（head, sep, tail）
string.rpartition(sep)	同 partition，只是从右侧分割
string.rsplit([sep[,maxsplit]])	同 split，但是使用 maxsplit 时从右向左
string.splitlines([keepends])	返回以换行符分割的字符串列表，有 keepends 参数时保留换行符
string.zfill(width)	在 string 左侧填充 width 个 0 字符

字符串的其他方法可以在交互环境下定义一个空字符串，然后利用 dir(' ')查看所有的方法，再利用 help（''.）查看该方法的功能描述。利用内置的 dir 和 help 还可以获得关于内置数据类型、函数和类的帮助信息。在 IDLE 环境下，在线帮助给 Python 的使用者提供了很大的便利。

```
>>> dir('')
['__add__', '__class__', '__contains__', '__delattr__', '__doc__', '__eq__', '__format__', '__ge__',
'__getattribute__', '__getitem__', '__getnewargs__', '__getslice__', '__gt__', '__hash__', '__init__', '__le__',
'__len__', '__lt__', '__mod__', '__mul__', '__ne__', '__new__', '__reduce__', '__reduce_ex__', '__repr__',
```

'__rmod__', '__rmul__', '__setattr__', '__sizeof__', '__str__', '__subclasshook__', '_formatter_field_name_split', '_formatter_parser', 'capitalize', 'center', 'count', 'decode', 'encode', 'endswith', 'expandtabs', 'find', 'format', 'index', 'isalnum', 'isalpha', 'isdigit', 'islower', 'isspace', 'istitle', 'isupper', 'join', 'ljust', 'lower', 'lstrip', 'partition', 'replace', 'rfind', 'rindex', 'rjust', 'rpartition', 'rsplit', 'rstrip', 'split', 'splitlines', 'startswith', 'strip', 'swapcase', 'title', 'translate', 'upper', 'zfill']
>>> help(''.count())

Traceback (most recent call last):
    File "<pyshell#54>", line 1, in <module>
        help(''.count())
TypeError: count() takes at least 1 argument (0 given)
>>> help(''.count
Help on built-in function count:

count(...)
        S.count(sub[, start[, end]]) -> int

        Return the number of non-overlapping occurrences of substring sub in
        string S[start:end].   Optional arguments start and end are interpreted
        as in slice notation.

2.3.3　字符串的格式化

程序的输出结果按照一定的格式排列才清晰和美观，比如打印一份报表，输出为一定宽度的字符串或数字，才能有很好的对齐效果。字符串格式化操作就是实现格式化输出的方法。这里介绍三种字符串格式化输出方式。

1. print 的格式化输出

在 IDLE 和程序中，常用 print 函数来输出字符串。print 可以给出比 repr 方式更优美的输出结果。print 在 Python 2.7.x 和 Python 3.x 两个版本中有很大的不同，这也许是两个版本不兼容的最大原因。在 Python 3.x 中，print 是一个函数，打印的内容要以参数的形式置于圆括号内，同时还有多种格式参数供选择，格式如下：

print ([value1, ...][, sep=' '][, end='\n'][, file=sys.stdout])

方括号的参数是可选参数，其中 value 为要输出的值，多个 value 之间用逗号分开。输出 value 值之间的间隔符用 sep 关键字参数指定，如果缺省则默认为单个空格。end 关键字参数用于指定最后一个值输出后的结束符，缺省时为换行符，即下面的内容输出到新的一行。file 关键字参数为输出流的设定，缺省时为系统标准输出，即输出到屏幕。下面是使用 print 函数的例子。

```
>>> x='We'
>>> y=30
>>> z=['apples']
>>> print(x,y,z)
We 30 ['apples']
```

```
>>> print(x,y,z,sep='!')
We!30!['apples']
>>> print (x,y,z,end="");print ("Next line")          #end 为空，下一行输出时不换行
We 30 ['apples']Next line
>>> print (x,y,z,end="...\n")                          #用 end 指定新的行结尾形式
We 30 ['apples']...
>>> print (x,y,z,sep="...",end="###\n")                #联合使用 sep 和 end 参数
We...30...['apples']###
>>> print (x,y,z, sep="…",file=open('data.txt', 'w'))  #输出到文件 data.txt
```

2. 传统的格式化操作符%

print 函数提供的输出形式相对比较简单，如果用户有更具体的格式化输出要求，需要使用格式化输出。传统的字符串格式化的输出是用操作符%，%也称插值操作符。使用%格式化的字符串包括两部分内容：第一部分内容是待输出的字符串。字符串中既有固定的内容，又可以包含一个或多个需要格式化的可变目标，每个目标都以%开始。可变目标的通用格式如下：

%[name][flags][width][.precision] typecode

其中，typecode 为输出目标的类型代码，是个必需的参数，其他项目可选。常见的类型代码和含义如下：

- d：带符号的十进制整数。
- o：带符号的八进制数。
- x：带符号的十六进制数（小写）。
- X：带符号的十六进制数（大写）。
- u：无符号整型。
- s：字符串，使用 str()转换的任何对象。
- r：字符串，使用 repr()转换的任何对象。
- c：表示单个字符。
- f：浮点的十进制数。
- e：浮点数的指数形式（小写）。
- E：浮点数的指数形式（大写）。
- %：不转换任何参数，结果中出现%号。

width 参数用于规定输出目标的整体宽度（即所占字符数），precision 用于指定浮点数输出时小数的位数，这两个参数常一起使用来规范浮点数的输出精度。如 m.n 表示总宽度为 m 个字符的浮点数，其中小数位数占 n 位。

注意： 输出的宽度参数是包含小数点在内的所有字符数。因此，m.n 格式中整数部分为 m-n-1 位。如果实际数的小数大于 n 位，就按要求截取，并做四舍五入。综合可变目标的各种格式参数，可实现字符串多种格式的输出形式，如浮点数的左对齐、左侧补零，添加正负号、逗号、货币符号等，固定数字位数和小数点位数。

格式化字符串的第二部分内容是%右侧的内容，即和前面输出目标对应的一个或多个对象，这些对象将依次替代左侧的目标类型。

下面是用%实现字符格式输出浮点数的例子。

```
>>> 'The price of %s is: %d' % ('banana', 5.25)
```

```
'The price of banana is: 5'
>>> 'The price of %s is: %f' % ('banana', 5.25)
'The price of banana is: 5.250000'
>>> 'The price of %s is: %5.1f' % ('banana', 5.25)
'The price of banana is: 5.2'
>>> 'The price of %s is: %05.2f' % ('banana', 5.25)
'The price of banana is: 05.25'
>>> 'The price of %s is: %+5.2f' % ('banana', 5.25)
'The price of banana is: +5.25'
>>> text="%s: %-.4f, %05d" % ("result", 3.1415926,42)
>>> print (text)
result: 3.1416, 00042
```

再来看一个利用%格式化日期输出的例子，通常希望的日期输出形式是 yyyy-mm-dd，年份有 4 位，月和日都有 2 位，不足的补 0。因此要在月和日的整数格式添 0，如果不添 0 就按照实际位数输出。

```
>>> (year,month, day) = 2017,11,12
>>> '%4d-%02d-%02d'   %  (year,month,day)
'2017-11-12'
>>> (year,month, day)=2016,5,6
>>> print ('%4d-%02d-%02d'   %   (year,month,day))
2016-05-06
>>> print ('%4d-%2d-%2d'   %   (year,month,day))
2016- 5- 6
```

3．format 函数及 format 方法

format 既是一个内置的函数，也是一个字符串的方法，format 函数和方法都可以实现多种格式化输出。format 函数的调用格式如下：

```
format (value[, format_spec])
```

其中 value 参数为待输出内容，format_spec 为第二部分%输出方式中介绍的可变目标的各种表达式形式。

```
>>> x=213.5689
>>> format(x,"+09.2f")
'+00213.57'
```

对于一个字符串，还可以用内置的 format 方法定制模板来规范字符串的输出形式，这种格式化输出的方法比较受推荐。format 方法的调用格式如下：

```
S.format(*args, **kwargs)
```

S 是定义的主体字符串模板，在模板中用花括号指出替换目标及位置，可以是任意多个要替换的目标。花括号内可以是目标的位置编号，也可以关键字参数的形式给出，还可混合使用。args 为位置参数，kwargs 为关键字参数。关于参数传递的形式将在函数一章有详细的解释。这里先来认识一下主体字符串模板的几种样式。

{位置数字}：位置数字表示要替换目标的位置编号，从 0 开始，如{0}，{1}等，要和 args 位置严格对应。

{关键字名称}：关键字名称要和参数列表中的 kwargs 对应。

输出格式中经常需要填充与对齐。^、<、>分别用于居中对齐、左对齐和右对齐，三个符

号后可带表示字符串宽度的数值。对于达不到指定宽度而空出来的位置，可在"："后指定要填充的字符，通常只能是单个字符。如果用户不指定填充的字符，系统默认以空格填充。

综合起来，主体字符串模板的格式控制标记有 6 个字段，都是可选的。

<引导符:> <填充字符> <对齐方式> <字符宽度> <千位分隔符,> <.小数位数> <类型代码>

用 format 方法格式化字符串输出的各种实例如下：

```
>>> template='The meals include {0}, {1} etc.'    #主体字符串模板给出替换的位置参数
>>> template.format('bread','fish')               #调用 format 方法，参数和位置对应
'The meals include bread, fish etc.'
>>> template='The meals include {main}, {meat} etc.'   #主体模板给出替换的关键字参数
>>> template.format(main='bread',meat='fish')     #调用 format 方法，参数是关键字
'The meals include bread, fish etc.'
>>> '{:#>8}'.format('21.23')
'###21.23'
>>> '{:?<9}'.format('1999')
'1999?????'
>>> output = '{0:<4} love {1:>6} in {2:*^10}'
>>> output.format('I', 'Perl', '2008')
'I    love   Perl in ***2008***'
>>> output.format('You', 'Java', '2010')
'You  love   Java in ***2010***'
>>> output.format('We', 'Python', '2018')
'We   love Python in ***2018***'
```

2.3.4 转换字符串

每一个字符都和字符 unicode 编码值对应，因此字符串可以和整数之间进行相互转换。用一组转换函数可以实现字符串和数值之间的转换。

- str(x)：将任意类型的 x 转换为字符串形式。
- ord(char)：将字符 char 转换为对应的 unicode 编码值。
- chr(int)：和 ord 函数相反的操作，将整数表示的 unicode 编码转换为字符。
- hex(int)：整数 int 对应十六进制数的小写形式字符串。
- oct(int)：整数 int 对应八进制数的小写形式字符串。

```
>>> x=213.56
>>> x
213.56                    #repr 方式输出
>>> str(x)                #转换为字符串
'213.56'
>>> len (str(x))          #字符串求长度
6
>>> char = '为'
>>> ord(char)
20026                     #"为"字的 unicode 编码值
>>> '1+1 = 2' +chr(10004) #10004 是 ✔ 的 unicode 编码值
'1+1 = 2✔'
>>> hex(127)
```

```
'0x7f'
>>> oct(127)
'0o177'
```

Python 3.x 中接收用户输入的 input 函数返回值为字符串。如果用户输入的是表示数值的字符串，需要用 eval 函数转换一下。eval 函数的输入参数为字符串，能够解析并执行字符串对应的表达式，输出运算结果。因此，可以用 eval 直接运行表达式。需要注意的是，如果字符串内含有变量名，则该变量名需要事先定义，否则 eval 函数将会因为解析一个未定义的变量名而引发异常。

```
>>> data1 = input('Please input a data:')
Please input a data:3.14
>>> data1
'3.14'                            #input 返回的是字符串
>>> 2*eval(data1)                 #eval 之后才能计算
6.28
>>>eval('1+2*3')                  #eval 解析并执行表达式
7
>>> eval('expr')                  #去掉引号，expr 被识别为变量名
Traceback (most recent call last):
    File "<pyshell#2>", line 1, in <module>
        eval('expr')
    File "<string>", line 1, in <module>
NameError: name 'expr' is not defined
```

2.4　字典

字典（dictionary）属于映射（mapping）类型，和序列使用编号访问元素不同，字典通过名字获取该名字对应的值。因此，字典中的每一个元素都由两部分组成，一部分为名字部分，称为键 key，另一部分是键对应的值 value。也就是说，字典通过键来访问值。从存储上看，序列类型对象的元素是按顺序存放的，而字典元素存储时，值和键构成的是散列关系（hash），字典元素在保存时并不存在次序关系。字典也是一种容器类型。字典元素可以是任意对象，字典是这些对象的无序集合。字典也是 Python 中唯一一种映射类型的内置对象。字典是可变的，也就是说，字典可以原地修改，可增减长度，可任意嵌套，这些都和列表的有关概念类似，但是二者元素的访问方法却是完全不同的。

2.4.1　字典的定义和构建

先来认识一下字典对象的形式。字典的键 key 和值 value 以 "：" 隔开。若干 key:value 对放在一对大括号中，不同的 key:value 对之间用逗号分开，形如：

```
{key1:value1, key2:value2,...}
```

key 可以是数字、字符串、元组和类的实例对象等不可变类型，value 可以是任何类型的数据。访问 key 对应的 value 时，key 作为索引置于方括号中。给字典赋值即生成一个字典对象。{}表示没有任何元素的空字典。下面看一些字典定义的例子。

```
>>> dics={'a':1,'an':2,'at':4}            #字典定义方法 1
```

```
>>> dics['an']                          #访问字典元素
2
>>> score={}                            #空字典
>>> score['Mary'] = 92                  #字典定义方法 2
>>> score['Bob'] = 95
>>> score['Tom'] = 88
>>> score
{'Bob': 95, 'Mary': 92, 'Tom': 88}
>>> score['Tom']+=5                     #修改字典元素
>>> score['Tom']
93
```

例中给出了两种定义字典的方法：一种是自行输入 key:value 对，放置在一对大括号中；第二种是先定义一个空字典，然后向空字典中添加键值对。可以看出，通过给一个不在字典中的键名赋值可以将新元素自动添加到字典中。

除了这两种方法，还有多种方法可以构建字典。例如，我们还可通过构造函数 dict 来定义字典，函数将(key,value)对转换为字典的元素。比如列表的元素是构成字典的 key 和 value 组成的元组，这样就可以用 dict 函数将列表转换为字典。如果 key 和 value 分别在两个列表中，可以用 zip 函数并行读取这两个列表的值，再用 dict 创建字典。

```
>>> D=dict()                            #创建一个空字典
>>> items=[('name','Ali'),('age',20),('nation','UK')]   #由(key,value)元组构成的列表
>>> D=dict(items)                       #元组第一个元素作为 key，第二个作为 value
>>> D
{'age': 20, 'name': 'Ali', 'nation': 'UK'}
>>> D['name']
'Ali'
>>> D=dict(gender='M')                  #利用 dict 函数，通过 key=value 的形式建立字典
>>> D
{'gender': 'M'}
>>> D=dict(zip(['a', 'b', 'c'],[1,2,3]))   #zip 和 dict 联合构建字典
>>> D
{'a':1, 'b':2, 'c':3}
```

还有一种用字典解析构建字典对象的方法，更为灵活高效，具体构建方法请参见第 4 章迭代解析部分。

字典可以形成十分复杂的数据结构，因为字典可以嵌套多种类型的数据。比如，可以构建一个用于存储人员信息的字典，这个字典包含了人员的名字 name、职业 job 和年龄 age 等信息。因此 name、job 和 age 分别作字典的 key。名字又分为姓和名两部分，职业也可能是多种，因此 name 部分的 value 设计成一个字典，这个字典包含名和姓两个键；job 部分的 value 可设计为一个列表，保存所有职业名称。这样就得到了一个包含多种数据类型的复杂字典。访问这样复杂结构的字典时只要按照特定对象的访问方式就可以，操作也并不复杂。

```
>>> persons={'name':{'first':'Bob','last':'Smith'},'job':['engineer','manager'],'age':35}
>>> persons['age']                      #读取键值
35
>>> persons['age']=40                   #修改键值
```

```
>>> persons['name']                    #读取 name 对应的 value，value 是一个字典
{'last': 'Smith', 'first': 'Bob'}
>>> persons['name']['last']            #访问 name 对应值的字典中的键值
'Smith'
>>> persons['job'][-1]                 #job 对应的值是一个列表，访问该列表的最后一个元素
'manager'
>>> persons['job'].append('CEO')       #向 job 对应的列表添加元素
>>> persons['job']
['engineer', 'manager', 'CEO']
```

2.4.2　字典的基本操作

字典对象的基本操作除了利用键获取对应的值、赋值和修改外，还有很多其他基本的操作和函数。先看与字典操作有关的内置函数。

1.　求元素数目 len

len 函数返回字典中元素的数目，即(key:value)对的数目。

```
>>> D={'gender': 'M', 'age': 20, 'name': 'Ali', 'nation': 'UK'}
>>> len(D)
4
>>> persons={'name':{'first':'Bob','last':'Smith'},'job':['engineer','manager'],'age':35}
>>> len(persons)                       #对于复杂字典结构，len 返回最外层元素的数目
3
```

2.　删除元素 del

del 函数用于删除字典中的某些元素，使用格式如下：

```
del D[key]
```

将 key 及其对应的 value 从字典 D 中删除。del 也可以删除整个字典。

注意：del 没有返回值，del 对字典的修改是原地修改，因为字典是可变类型。

```
>>> D={'gender': 'M', 'age': 20, 'name': 'Ali', 'nation': 'UK'}
>>> del D['gender']                    #删除指定 key 和对应的 value
>>> D
    {'age': 20, 'name': 'Ali', 'nation': 'UK'}
>>> del D
>>> D                                  #D 没有定义了
Traceback (most recent call last):
  File "<pyshell#43>", line 1, in <module>
    D
NameError: name 'D' is not defined
```

3.　成员检测 in

成员检测 in 在列表中介绍过，in 同样可以用来检查一个键 key 是否在字典中。常见的用法形式是放在 if 语句中，格式如下：

```
if key in D:
```

如果 key 是字典 D 的一个键，返回 True，此时就可以用 D[key]的形式获取 key 对应的值。如果 key 不是 D 的一个键，返回 False，就可以越过 if 语句块执行其他内容。

注意：成员检测 in 只能用来检查键 key 是否在字典中，不能检查一个值 value 是否字典中。

因为 value 是用 key 来访问的。
```
>>> D={'a':1,'b':2,'c':3}
>>> if 'a' in D:
        print ('\'a\' is a key of D, the value is',D['a'])

'a' is a key of D, the value is 1
```
以下是字典对象常用的内置方法，调用格式均为 D.method()。字典对象的部分方法在 Python 3.x 后有了更新，这些方法在 Python 2.7 中返回的是列表，而在 Python 3.x 后返回的是迭代对象。这些字典方法包括以下内容：

- D.keys()：获取字典 D 的所有键，返回键值的迭代对象。
- D.values()：获取字典 D 的所有值的迭代对象。
- D.items()：获取字典 D 的所有(key:value)对的迭代对象。
- D.get(key)：获取字典 D 中 key 的对应值。如果存在 key，返回相应的值；如果 key 不存在于字典中，则返回空值，逻辑值为 False。因此，访问字典时如果不能确定一个 key 是否在字典中，使用 get 方法比直接用 D[key]的方式读取键对应的值更稳妥，可以避免因为读取不存在的键而出错，因此推荐使用 get 方法读取字典。下面是在交互环境下使用字典内置方法的几个例子。
```
>>> D={'gender': 'M', 'age': 20, 'name': 'Ali', 'nation': 'UK'}
>>> 'age' in D                    #成员键检测
True
>>> D.keys()                      #返回字典键的迭代
dict_keys(['nation', 'gender', 'name', 'age'])
>>> D.values()                    #返回字典中的值迭代
dict_values(['UK', 'M', 'Ali', 20])
>>> D.items()                     #返回字典中的(键,值)对迭代
dict_items([('nation', 'UK'), ('gender', 'M'), ('name', 'Ali'), ('age', 20)])
>>> D.get('nation')               #键存在于字典中，返回对应的值
'UK'
>>> D['job']                      #键不在字典中，直接读取会出现异常

Traceback (most recent call last):
    File "<pyshell#26>", line 1, in <module>
        D['job']
KeyError: 'job'
>>> D.get('job')                  #用 get 方法，键不在字典中则返回空值
```
- D.copy()：复制 D。这里的 copy 为浅层复制，当副本字典的值被替换时，原始字典不受影响。
- D.clear()：清除字典中的所有元素，字典变为空字典。
- D.pop(key [,d])：指定删除 key，返回 key 对应的值。如果 key 不在字典 D 中，若同时指定了 d 则返回 d 值，否则触发异常。
- D.popitem()：随机删除一对 key 和 value，并作为返回值。
- D.update()：通过另一个字典更新字典内容。

通过下面的例子来进一步理解上述 5 个方法的使用，接着上面的例子来继续练习。

```
>>> E=D.copy()                          #复制字典
>>> E
{'age': 20, 'gender': 'M', 'nation': 'UK', 'name': 'Ali'}
>>> E['age']+=1
>>> E
{'gender': 'M','age': 21, 'name': 'Ali', 'nation': 'UK'}     #修改副本字典的值
>>> D
{'gender': 'M','age': 20, 'name': 'Ali', 'nation': 'UK'}     #原来的字典不变
>>> del D
>>> E
{'gender': 'M','age': 21, 'name': 'Ali', 'nation': 'UK'}
>>> D=E                                  #赋值语句生成新的字典变量
>>> E.clear()
>>> D                                    #新字典清除后，引用位置即为空
{}
>>> D2={'age': 20, 'name': 'Ali', 'nation': 'UK'}
>>> D2.pop('name')                       #删去字典中指定的键，返回其值
'Ali'
>>> D2
{'age': 20, 'nation': 'UK'}
>>>D2.pop('name')
Traceback (most recent call last):
    File "<pyshell#18>", line 1, in <module>
        D.pop('name')
KeyError: 'name'
>>>D2.pop('name', 'not exist')           #key 不在字典中时返回指定的内容
'not exist'
>>> D2.popitem()                         #随机删除一个键值对并返回
('age', 20)
```

2.5　集合

2.5.1　集合的特点

集合（set）是一种与列表和字典不同的另一种内置数据类型。集合对象中不允许有重复的元素，这是集合的最大特点。另外，集合元素的存储同字典类似，也是无序的，因此不能像列表那样按照元素的位置索引来访问集合元素。集合又是一种可变类型，可以原地对集合进行增删等操作。但是集合的元素要求是不可变的数据类型。因此，集合中不能嵌套集合。Python 3.x 中集合的元素放在一对大括号中，形式上和字典有些相似。

还有一种不可变的集合，称为冻结集合（frozenset）。冻结集合是不能原地修改的，因此冻结集合可以作为集合的元素实现集合嵌套，也可用作字典的键。

由于集合的元素是无序存放的，集合不能像列表那样根据位置编号来访问元素，又由于集合元素也没有键值，所以又不能通过字典那样的形式来访问，这些都限制了集合的应用。集

合的最大特点是其中的元素是不重复的，当把一个列表转换为集合后，将自动消除其中重复的元素。因此，当我们需要获取列表中不同元素的数目时，将列表转换为集合，再求集合的长度就可以了。

针对集合的主要操作有成员检测和集合有关运算。

```
>>> myset ={'.', '1', '2', '2', '3', '3', '3', '4', '4', '5', '5'}
>>> myset
{'.', '1', '3', '2', '5', '4'}
>>> '1' in myset
True
```

2.5.2 集合的运算

集合可以用 len 函数获取集合元素的个数，还有标准数学集合的交集、并集、差集、子集等运算。集合运算可以利用集合对象内置的方法，还可以直接利用集合运算符。集合对象内置的运算方法返回结果是集合对象，主要包括以下方法：

- set_a.intersection(set_b)：返回 set_a 和 set_b 的交集。
- set_a. union (set_b)：返回 set_a 和 set_b 的并集。
- set_a. difference (set_b)：返回 set_a 和 set_b 的差集。
- set_a. issubset (set_b)：返回 set_a 是否是 set_b 的子集的逻辑值。
- set_a. issuperset (set_b)：返回 set_a 是否是 set_b 的父集的逻辑值。

连接两个集合的运算符主要有交、并、差、异或等，下面是实例。

- &：求交集。
- |：求并集。
- -：求差集。
- ^：异或。

```
>>> a={'a','b','c'}
>>> 'b' in a
True
>>> b={'b','c','d','e'}
>>> a.intersection(b)          #交集
{'c', 'b'}
>>> a&b
{'c', 'b'}
>>> a.union(b)                 #并集
{'a', 'c', 'b', 'e', 'd'}
>>> a|b
{'a', 'c', 'b', 'e', 'd'}
>>> a.difference(b)            #差集
{'a'}
>>> a-b
{'a'}
>>> a^b                        #异或
{'a', 'e', 'd'}
>>> a.issubset(b)             #子集检测
```

False
>>> a.issuperset(b)　　　　　　　　#父集检测
False

2.5.3　集合对象的方法

集合对象的方法除了上面的内置集合运算外还有一些其他关于集合对象的方法，下面进行简要说明。

1.　添加集合元素 add(e)

添加一个元素 e 到集合中，add 的参数就是要添加的元素。注意一次只能添加一个元素。如果这个元素已经在集合中，add 操作后不改变集合。

2.　删除集合元素 remove(e)

将指定元素 e 从集合中删除。如果集合中不存在要删除的元素，则触发异常 KeyError。该方法没有返回值。

3.　更新集合 update()

update 方法通过将集合对象和其他集合合并来实现集合内容的更新。因此更新集合是添加多个元素到集合中的一种方法。不过需要注意的是，更新是对集合对象原地更新，不会生成新集合，因为集合是可变对象。

```
>>> a={'a','b','c','c'}
>>> a
{'a', 'c', 'b'}
>>> a.add('f')
>>> a
{'a', 'c', 'b', 'f'}
>>> len(a)
4
>>> a.remove('a')
>>> a
{'c', 'b', 'f'}
>>> a.remove('a')                #删除不在集合中的元素触发异常
Traceback (most recent call last):
  File "<pyshell#61>", line 1, in <module>
      a.remove('a')
KeyError: 'a'
>>>b={'b','c','d','e'}
>>> a.update(b)                #a 被原地修改
>>>a
{'a', 'c', 'b', 'e', 'd', 'f'}
```

2.6　文件

文件是计算机中存储数据的方式，每个文件都有文件名和属性。文件的命名机制这里不再赘述。文件的主要属性分为只读，存档、隐藏，可执行等。文件由操作系统管理。Python 中一个打开的文件被视为一个 I/O 对象，并定义了访问文件的各种方法。因此，我们将文件也作为内置对象的一种。文件对象的创建是通过 open 函数实现的，调用 open 函数成功就返回相应的文件对象。文件对象内置了很多方法，对文件的读写等操作是通过调用文件对象的方法实现的。

2.6.1 文件的读写操作

1. 利用 open 内置函数创建文件对象

open 函数打开文件的一般语法格式如下：

```
open (文件名[,模式[,缓冲模式]])
```

open 函数的参数中文件名部分是必要的参数。文件名是包含文件存储路径在内的完整文件名。如果要打开的文件在当前工作路径下，可以省略路径部分，只写文件名。而想要查看当前工作路径，在交互环境下可以用 os 模块中的 getcwd 方法。

```
>>> import os
>>> os.getcwd()
'C:\\Python32'
```

如果在指定路径下或当前路径下没有找到相应的文件，则触发 IO 错误信息。

```
>>> open('txt')
Traceback (most recent call last):
    File "<pyshell#28>", line 1, in <module>
        open('txt')
IOError: [Errno 2] No such file or directory: 'txt'
```

除了文件名，open 函数其在[ ]内的他放参数是可选的参数，包括文件的打开模式。模式参数描述了文件打开时的方式，主要模式参数有读 r、写 w、追加 a 和同时读写+。其中读 r 是默认的参数值，可以缺省，即默认地以读的方式打开文件。写入模式 w 将以新的内容覆盖原文件，当一个文件以 w 模式打开后，执行写入操作，原来文件的内容将消失。而追加模式 a 是在原来文件的尾部增加新的内容的写入方式，当需要保护原来文件内容时可以用追加方式打开要写入的文件。+一般与 r、w 和 a 一起使用。

这些模式字符后都可以加 b 来表示对二进制文件的操作，因为默认打开的文件是文本文件。关于二进制文件和文本文件的区别将在本节的最后予以介绍。

模式参数可以灵活组合以实现不同的文件操作形式。下面给出常见的模式参数组合及其含义说明。

● r+：对当前打开的文件既进行读又进行写入操作。
● w+：将当前文件和写入的内容保存为一个新文件，也就是不破坏原文件的写操作。
● rb：二进制文件读。
● wb：二进制文件写。
● r+b：读写二进制文件。

下面给出了常见打开文件的例子。成功打开新文件就创建了一个文件对象。

```
>>> myfile=open(r'c:\python27\newfile.txt','w')           #打开文件，目的是写入内容
>>> myfile.write('This is a sample file.\n Welcome!\n')    #调用写入方法，\n 表示换行
33                                                         #返回成功写入的字符数
>>> myfile.close()                                         #关闭文件的方法
>>> myfile=open(r'c:\Python27\newfile.txt','r')            #打开文件，读
```

```
>>> myfile.readline()                                      #读取文件中的一行
'This is a sample file.\n'
>>> myfile.readline()                                      #文件为可迭代对象,继续读入下一行
' Welcome!\n'
>>> myfile.readline()                                      #已经到文件尾,读出内容为空
''
>>> myfile.close()
>>> myfile=open(r'c:\Python27\newfile.txt','r')
>>> myfile.readlines()                                     #读取全部文件,返回以行为元素构成的列表
['This is a sample file.\n', ' Welcome!\n']
```

2. 读文件

读取文件有很多方法。假设已经创建了一个文件对象,名为 file,读取文件内容用 file.method()的形式。主要的读方法包括以下几个:

● file.read():读取文件中的全部字符,返回一个由文件全部字符构成的字符串,包括换行符等控制字符。

● file.read(N):从当前文件指针位置读取文件的 N 个字符,返回由这 N 个字符构成的字符串。

● file.readline():从当前文件指针位置读取文件的一行,返回以换行符结束的字符串。

● file.readlines():读取全部文件内容,返回一个列表,列表的一个元素为文件的一行字符串。

文件对象是可迭代对象,因此读取文件还可以直接调用迭代对象的内置方法__next__,从而可以一行行地读取。一般在 for 循环语句中使用文件迭代器,一行行地处理文件内容。

```
>>> file = open(r'c:\python35\newfile.txt', 'w')          #以写入方式打开文件
>>> file.write('Hello file world!\n')
18                                                         #返回成功写入的字节数
>>> file.write('Bye file world.\n')
16
>>> file.close()
>>> file = open(r'c:\python35\newfile.txt', 'r')
>>> file.read()                                            #读取全部文件内容,read 返回一个字符串
'Hello file world!\nBye file world.\n'
>>> file.read()                                            #已到文件尾,读取内容为空
''
>>> file = open(r'c:\python35\newfile.txt')
>>>file.__next__()                                         #用迭代对象的 next 方法读文件
'Hello file world!\n'
>>>file.__next__()
'Bye file world.\n'
>>> file.seek(0)                                           #重新定位文件指针
>>> file.readlines()
['Hello file world!\n', 'Bye file world.\n']              #readlines 返回行字符串组成的列表
```

文件的编码形式有很多种,如果系统不能自动正确识别文件的编码形式,就会报解码错误的异常,文件不能正常读取。此时,如果用户已知文件的编码形式,就可以在打开文件时使

用 encoding 参数自行指定编码，比如已知是 UTF-8 编码的文件，可以这样打开：

```
>>> myfile = open('NEWS.txt',encoding = 'UTF-8')
>>> myfile.readline()
'+++++++++++\n'
```

在文件读取过程中，文件指针给出当前读取的文件位置。当文件指针到文件尾时，读取操作将返回空值（逻辑值为 False）。如果要改变文件指针的位置，可以用 seek()方法定位文件指针。seek()的格式如下：

file.seek (offset, from_posi=0)

from_posi 表示开始定位的起点，0 表示文件开头。如果是 1，表示从当前文件指针的位置开始，2 表示从文件尾开始；如果省略 from_posi 参数，缺省时为 0，表示从文件开头定位。offset 表示偏移起始定位点的字节数。常用的 file.seek(0)就表示定位到文件开头位置。当前文件指针的位置可以用 tell 方法获取。接着前面创建的文件继续下面的练习。

```
>>> file = open(r'c:\python35\newfile.txt')
>>> file.read(1), file.read(8)                    #从当前位置读 1 个字符，再读 8 个字符
('H', 'ello fil')
>>> file.seek(3,0)
3
>>> file.read(3)
'lo '
>>> file.tell()
6
>>> for line in open(r'c:\python35\newfile.txt'):
        print (line)


Hello file world!

Bye file world.
```

3. 写文件

文件对象写入首先是用 write 方法。write 的参数部分是要写入的字符串，除了字符串，还可以将一个列表的内容一次性写入文件中。写文件，不仅可以用 write 方法，还可利用系统的标准输出，用 print 函数将内容打印到文件。具体做法：先导入 sys 模块，将标准输出设为指定的文件对象，然后直接利用 print 将内容输出到文件。写操作结束后，记得再恢复到标准输出流。

```
>>> import sys
>>> temp=sys.stdout                        #保存标准输出
>>> sys.stdout=open('mytext.txt','w')      #设标准输出流为文件
>>> print ('This is a test.')
>>> print (1,1,1)
>>> sys.stdout.close()                     #关闭标准输出流
>>> sys.stdout=temp
>>> print ('The end' )                     #恢复标准输出
The end
>>> print (open('mytext.txt').readlines())  #查看刚才写入的文件
['This is a test.\n', '1 1 1\n']
```

4. 利用文件管理器访问文件

利用 open 函数打开文件时，如果因为文件名和路径等问题导致文件打开失败，会引发错误信息。文件处理后，往往还要用 close 方法关闭文件对象。当然，忘记关闭打开的文件在 Python 中也不会引起大的问题，因为 Python 有很好的垃圾收集机制，能自动处理这些没有关闭的文件。当程序退出后，未关闭的文件将被系统关闭。为了更完美地处理文件对象，Python 提供了另一种更好的打开文件的方法，就是利用文件管理器 with/as 语句。文件管理器在打开文件时提供了异常处理功能，并且能够在文件处理工作完成后自动关闭文件，这样，用户就不必显式地使用 close 来关闭文件了。with/as 操作文件的格式如下：

```
with open(filename) as variable:
    for line in variable:              #处理文件的语句块
        statements
        …
```

filename 部分是要打开的文件名，variable 是文件对象名。用 with/as 打开文件是个好习惯，当文件处理语句块执行结束时，文件就会自动关闭。

2.6.2　二进制文件和文本文件

Python 中有两种类型的文件，默认的是文本类型的文件，还有一种是二进制文件。所谓文本文件，是指由字符串组成的文件。程序的输出结果、纯文本文件（txt 文件）、HTML 和 XML 文件等都是常见的文本文件。Python 3.0 后全面支持 unicode 编码，能够自动对文本进行 UTF-8 的编码和解码。文本文件操作中默认执行行尾转换，也就是说，将\n 解释为一行结尾的换行符。当读取文本文件时，系统将文件内容以默认的或指定的编码形式进行解码，返回一个字符串类型的数据；当对文本文件写入字符串时，使用默认或指定的编码形式转换字符串为字节数据再保存到文件中。只要写入和读出的编码方案相同，就能看到正常的文本字符串。

二进制文件是一种特殊的文件，其内容是二进制字节构成的，一般不是可显示的字符，例如声音、图像和视频文件等通常都是二进制文件。一个文件以二进制文件的方式打开时，系统不作任何形式的编码和解码处理，也不会自动进行行末转换，也就是说二进制文件是被程序不加改变地访问。

文本文件和二进制文件的读写模式参数不同，二进制文件操作时要添加特定的参数 b，否则系统默认处理的是文本文件。

注意：不能以文本模式打开二进制文件，否则会造成二进制文件的打开失败。

下面是在 Windows 平台对文本文件和二进制文件进行读写操作的对比。

1. 文本文件的读写

```
>>> open('temp', 'w').write('abc\n')          #文本模式打开文件，写入 4 个字符
4
>>> open('temp', 'r').read()                  #文本模式打开读取文件内容
'abc\n'
>>> open('temp', 'rb').read()                 #二进制模式打开文本文件，读取内容
b'abc\r\n'
```

在 Windows 平台下文本的行结尾符为\r\n，以二进制模式读取时，不对行尾符处理，且原封不动地返回。

2. 二进制文件的读写

```
>>> open('temp', 'wb').write(b'abc\n')        #二进制模式写入一个以 b 开头的二进制字节串
4
>>> open('temp', 'r').read()                  #以文本模式打开，对二进制字符串解码，得到字符串
'abc\n'
>>> open('temp', 'rb').read()                 #以二进制模式打开，仍然返回二进制原串
b'abc\n'
```

向一个文本文件中写入二进制字节串或者向一个二进制文件中写入字符串，都会导致类型错误。

```
>>> open('temp', 'w').write(b'abc\n')         #向文本文件中写入二进制字节数据
TypeError: can't write bytes to text stream
>>> open('temp', 'wb').write('abc\n')         #向二进制文件中写入字符串数据
TypeError: can't write str to binary
```

2.6.3　数据文件的 CSV 格式

数据文件存储的是可用于计算的数据，如整数、浮点数等。根据数据的组织形式，可分为一维数据、二维数据和多维数据。一维数据通常指组织成线性结构的数据，如简单列表。二维数据也就是表格，数据排列为若干行和列，构成矩阵形式。高维数据的组织形式是键值对，形成复杂的语法结构。

一维数据文件有多种存储格式。数据之间的分隔符可以是空格、逗号或其他特殊符号。CSV 格式的数据文件是以逗号分隔数据的一种通用文件格式，CSV 即 comma-seperated values。CSV 格式被 Windows、Linux 等多种平台广泛支持，实现多种工具之间的数据交换。CSV 文件是纯文本文件，扩展名是.csv，可用 Office 办公软件和纯文本编辑器打开查看。

CSV 文件中，数据的基本组织单位是行，一行表示一维数据，数据之间以逗号作为分隔符。如果数据的每一列带有标题，则标题行是文件的第一行，标题之间也用逗号隔开，形如：

```
var1, var, var3, var4
1.3, 1.5, 4.5, 5.0
0.6, 0.7, 2.2, 2.5
```

Python 提供了读写 CSV 文件的标准模块 csv，用 import 导入就能方便地实现二维数据的读写。

本章小结

本章集中介绍了 Python 内置的几种重要数据类型：数字、列表、字符串、元组、字典、集合和文件等，学习了相关对象的定义及有关操作方法。内置对象类型是最核心的 Python 数据类型，也是构建更复杂数据结构的基础。学习内置对象的目的是在程序设计中应用这些类型，因此本章在理论介绍后，给出了各种实例以帮助理解这些类型的特点及其内置方法的功能。

整体上，Python 的数据类型有两大类。一类为可变数据类型，主要包括列表、字典和集合等，它们的共同特点是可以在原地修改，因此它们内置的操作方法往往不生成新的对象，一些方法甚至没有返回值，这一点有通用性。当有多个变量指向同一个可变类型数据时，通过任

何一个变量都可以改变这个数据，这也是另一个需要注意的地方。另一类数据类型为不可变对象，主要包括数字、字符串、元组和冻结集合等，这些类型不接受原地修改操作，原地修改会触发异常。但是可以在修改的基础上创建一个新的对象并把新对象重新赋值给它们，这是个不同的概念。从某种意义上看，不可变类型能够保持数据的完整性，因此不可变类型经常作为字典的键和集合的元素，也经常作为程序的传入参数而防止程序对原始参数的破坏。

从元素存放是否有序角度看，Python 中的数据类型可以分序列、映射和集合。序列中的元素是有序存放的，元素无序存放的是映射和集合两种类型。序列只可以按照位置编号访问元素，包括字符串、列表和元组等，因此它们有通用的一些内置方法；映射类型只有字典一种，通过键来访问对应的值；集合则是一种无序的无重复项的容器。Python 内置数据类型有丰富高效的方法用于对象的操作。调用对象方法的一般形式是"对象.方法"。查看某个对象内置方法的使用格式，可在交互环境下用"help（对象.方法）"的形式，十分方便。

文件对象也是一种有序的对象。open 函数用于打开并读写文件，文本文件和二进制文件的模式参数不同。

习题 2

一、选择题

1. Python 内置序列类型主要包括（　　）。
   A. 列表、元组、字符串、文件
   B. 列表、元组、字典、文件
   C. 列表、元组、字符串、字典
   D. 列表、元组、文件、None

2. 列表和元组的主要区别在于（　　）。
   A. 列表可以添加元素，元组不可以
   B. 列表可以原地修改，元组不可以
   C. 列表不可以添加元素，而元组可以
   D. 列表不可以原地修改，元组可以

3. 通用序列操作包括（　　）。
   A. 索引 index　　　　B. 分片 slicing　　C. 加 adding
   D. 乘 multiplying　　E. 迭代 iteration

4. >>> first=['hello', 'world', '!']
   >>> first[-1]
   执行结果是（　　）。
   A. 'world'　　　　　B. 出现错误　　　C. '!'　　　　　　D. 'hello world!'

5. >>> numbers=[1,2,3,4,5,6,7,8,9,10]
   >>> numbers[-3:]
   输出结果是（　　）。
   A. [9,10]　　　　　B. [8,9,10]　　　C. [8,9]　　　　　D. 以上都不是

6．复制第 5 题的 numbers 到另一个列表 newnum 中，可以使用（　　　）。

    A．newnum=numbers   B．newnum=numbers[:]

    C．newnum=numbers[]   D．newnum=[numbers]

7．交互环境下输入：link=[1,2,3]+'world'的结果是（　　　）。

    A．[1,2,3,'world']   B．'123world'

    C．[1,2,3,'w','o','r','l','d']   D．错误提示

8．numbers 定义如第 5 题，交互环境下输入：

    >>> numbers[1:4]=[]

    >>> numbers

    结果是（　　　）。

    A．[1,6,7,8,9,10]   B．[5,6,7,8,9,10]

    C．[4,5,6,7,8,9,10]   D．以上均不对

9．在列表末尾一次追加多个值，可以用的方法是（　　　）。

    A．append   B．pop   C．insert   D．extend

10．元组的主要用途是（　　　）。

    A．作为内置函数的返回值   B．在映射和集合中作为键 key

    C．作为函数的输入参数   D．作为映射和集合中的值 value

11．打开文本文件 file1.txt 的目的是写入，正确的打开语句是（　　　）。

    A．fh=open('file1.txt', 'a')   B．fh=open('file1.txt', 'w')

    C．fh=open('file1.txt', 'r')   D．fh=open('file1.txt', 'w+')

12．打开二进制文件 bifile 用于读操作，正确的语句是（　　　）。

    A．open('bifile', 'b')   B．open('bifile', 'rb')

    C．open('bifile')   D．open('bifile', 'r+')

13．文件对象的读方法有（　　　）。

    A．read()   B．readline()

    C．readlines()   D．write()

14．文件对象 f.seek(0,0)的含义是（　　　）。

    A．将文件清除

    B．返回文件开头的内容

    C．移动文件指针到文件开头位置

    D．返回文件尾内容

15．使用 with 语句打开文件的好处是（　　　）。

    A．文件可以在完成处理后自动关闭

    B．文件可以有别名

    C．不利用缓存直接打开文件

    D．打开速度快

16．文件对象的 read(n)方法用于（　　　）。

    A．从开头读取 n 字符   B．从结尾读取 n 字符

    C．从当前位置读取 n 字符   D．读取 n 行

17．Python 可以实现文件读入时（　　）。

　　A．按字符读入　　　　　　　　　　B．按行读入

　　C．一次全部读入　　　　　　　　　D．按行迭代读入

18．标准 I/O 是类文件对象，包括（　　）。

　　A．print　　　　　　B．stdin　　　　　　C．stdout　　　　　　D．stderr

19．下列（　　）表达式在 Python 中是非法的。

　　A．x = y = z = 1　　　　　　　　　B．x = (y = z + 1)

　　C．x, y = y, x　　　　　　　　　　D．x　+=　y

20．若 a = (1, 2, 3)，下列（　　）操作是合法的。

　　A．a[1:-1]　　　　　B．a*3　　　　　　C．a[2] = 4　　　　　D．list(a)

21．以下可以创建一个字典的语句是（　　）。

　　A．dict1 = {}　　　　　　　　　　B．dict2 = { 3 : 5 }

　　C．dict3 = {[1,2,3]: "uestc"}　　　　D．dict4 = {(1,2,3): "uestc"}

22．下列说法错误的是（　　）。

　　A．除字典类型外，所有标准对象均可以用于布尔测试

　　B．空字符串的布尔值是 False

　　C．空列表对象的布尔值是 False

　　D．值为 0 的任何数字对象的布尔值是 False

23．python my.py v1 v2 命令运行脚本，通过 from sys import argv 可以获得 v2 参数值的是（　　）。

　　A．argv[0]　　　　　B．argv[1]　　　　　C．argv[2]　　　　　D．argv[3]

二、操作和编程题

1．在交互环境下实现下面对列表的操作：

（1）建立一个名为 me 的列表，包括你的姓、名、性别、籍贯。打印 me 的第一个和第四个元素。

（2）在 me 最后添加出生年月，用 append 方法。

（3）删除籍贯。

（4）用 in 查看籍贯是否在 me 中。

2．写一段脚本，接受用户输入的一个整数，假设是 y，输出一个列表，列表的元素包括：y，y^2，y^3，y^5。

3．小易喜欢的单词具有以下特性：①单词每个字母都是大写字母；②单词没有连续相等的字母。例如小易不喜欢 ABBA，因为这里有两个连续的 B；小易喜欢 AABA 和 ABCBA 这些单词。给你一个单词，你要回答小易是否会喜欢这个单词。程序的运行结果形如：

　　- 请输入：

　　AAA　　　　　　　　　　　　#输入为一个字符串，都由大写字母组成，长度小于 100

　　- 小易的态度是：

　　Dislikes　　　　　　　　　　#如果小易喜欢输出"Likes"，不喜欢输出"Dislikes"

4．写一段脚本，接受用户输入的一个三位整数。程序首先返回三个数字，然后是从小到

大排序后的数字构成的列表，最后是其中最大的一个数字。程序执行结果如下：

```
>>>
Please enter a three-digit number: 782
The three numbers you entered are 7,8 and 2
The ordered list is [2,7,8]
The biggest number in your digit is: 8
```

5．数字黑洞。

数学中有一些很诡异的数字被称为数字黑洞。比如，一个四位数字构成的正整数，我们将这个数的数字从大到小排列得到一个数 x，再从小到大排列又得到一个数 y，将 x-y 得到的新数再重复上述操作，就会发现，经过若干步后，总会得到 6174 这个数字。因此 6174 被称为 4 位正整数的"数字黑洞"。试编写一段程序，接受用户输入的一个整数，给出这个数最终变为 6174 经过的计算情况。运行结果形如：

```
>>> Input a four-digit number: 6534
x        y      x-y
6543    3456    3087
8730    378     8352
8532    2358    6174
```

6．编写程序，用户从键盘输入小于 1000 的整数，对其进行因式分解。例如，10=2×5，60=2×2×3×5。

7．集合 a 和 b 存放着两组文件名的集合，两个集合中有相同的文件名，也有不同的。请写出实现下列功能的表达式：

```
a={'2-1.txt', '2-3.txt', 3-2.txt', '5-5.txt'}
b={'2-1.txt', '2-2.txt', '3-2.txt', '5-1.txt'}
```

（1）求在 a 中，不在 b 中的文件。

（2）求 a 和 b 中相同的文件。

（3）求 a 和 b 中互不相同的文件。

（4）求 a 和 b 中总共包括文件的数目。

8．文件操作：

（1）建立一个简单的文本文件。读入该文件，按行逆序输出到屏幕上，或者输出到另一个文件。

（2）英文中有种词称为 alternade，其中单词在保持原来字母顺序不变的情况下，由间隔固定数目的字母构成至少 2 个以上其他的单词。要求原单词的所有字母全都被用过一次，而且仅一次。例如，下面的两个单词都是间隔一个字母后构成一个新的单词，剩余部分构成第二个单词。

"board"：可构成 "bad"（间隔一个字母构成）和"or"。

"waists"：可构成 "wit"（间隔一个字母构成）和"ass"。

试编写一段脚本，检查英文单词文件中的每一个单词是否为 alternade，也就是能否以固定间隔构成一个新单词，剩余部分也是恰好是一个新单词。将这些 alternade 输出在屏幕上。英文单词词表文件可以从 http://www.puzzlers.org/pub/wordlists/unixdict.txt 下载。

9．凯撒加密。

凯撒密码是古罗马大帝凯撒用来对军事情报进行加解密的算法，它采用了替换方法，信

息中的每一个英文字符循环替换为字母表序列中该字符后面的第三个字符,即字母表的对应关系如下:

原文: A B C D E F G H I J K L M N O P Q R S T U V W X Y Z

密文: D E F G H I J K L M N O P Q R S T U V W X Y Z A B C

对于原文字符 P,其密文字符 C 满足如下条件: C = (P+3) mod 26。

上述是凯撒密码的加密方法,解密方法反之,即: P = (C-3) mod 26。

假设用户可能的输入是仅包含西文字母,即英文大小写字母 a～zA～Z 和特殊字符的字符串,请编写一个程序,对输入字符串进行凯撒密码加密,直接输出密文结果,其中特殊字符不进行加密处理。

第3章 语句和语法

Python 程序是一个层次性的结构。一个 Python 程序（program）由若干模块（modules）组成，模块中包含着语句（statements），而语句又是由表达式（expressions）构成的，利用表达式可以建立和处理各种类型的对象（objects）。Python 程序的层次结构可以用图 3-1 来说明。可以看出，语句是构成模块的基础，模块由语句来管理。本章将学习 Python 的基本语句和语法。

图 3-1　Python 程序的层次结构

和其他编程语言相比，Python 程序对语句格式的要求异常严格，尤其是反映语句层次关系的格式，不能随意在语句前增加或减少缩进量或空格。实际上，不同的缩进量决定了语句之间的关系。因为 Python 的语句没有明确的结束标志，也不像 C++等语言那样，可利用分号和括号等表示语句的结尾和语句之间的层次关系。

Python 脚本编写时，一般情况下一条语句占一行，注释部分用#和可执行的语句分开。给语句添加必要的注释在编程中很重要，它可以帮助别人和自己理解或修改代码。语句前的缩进程度虽然没有固定要求，但要严格一致，不能在语句前随意插入空格。对比下面的两段程序，因为缩进不同导致了运行结果的差异：

```
a=-2
if a>0:
    print ("Positive")
    a+=1        #执行后 a=-2
-------------------------------------------------
a=-2
if a>0:
    print ("Positive")
a+=1            #执行后 a=-1
```

两段程序中主要差别是 a+=1 语句的缩进不同，运行后 a 的结果就不同。第一段程序中，a+=1 和 print 函数的缩进相同，都属于 if 条件判断语句之内，因此只有当 a>0 时才会执行 a+=1，所以 a 仍然为-2。第二段代码中，a+=1 和 if 的缩进相同，因此不受 if 语句的管辖，不管 a>0 是否满足都会执行，因此 a 变为-1。可见，语句的缩进不同，语句之间的关系就不同，初学

Python 时这一点尤其要注意。Python 严格的语句格式增强了 Python 程序的可读性。

　　Python 语句不是很多。表 3-1 列出了常用 Python 语句集。本章将介绍 Python 常用语句中的赋值、分支、循环等，而函数定义、类定义、模块导入、异常处理等分别在后续相应的章节介绍。

表 3-1　常用 Python 语句集

语句	功能	实例
赋值	创建变量引用	a, b=1,'c'

if/elif/else	形成分支结构	if x>0:
		　　print (x)
		else:
		　　print (–x)

while/else	形成循环结构	while x<0: 　　print (x)
for/else	形成循环结构	for i in range(10): 　　print (i)
def	定义函数和方法	def func(a,b,c=0):
调用	执行函数	log.write('spam')
import	模块加载	import math
class	创建类对象	class myclass():
raise	触发异常	raise EndSearch(location)
try/except/finally	捕获异常	try: 　　action() except: 　　print('error')

学习目标

- 掌握赋值、if、for 和 while 语句的基本语法格式。
- 熟练应用变量的各种赋值方式。
- 学习条件表达式的构成和 if 分支结构的设计。
- 学习用 for 和 while 构成循环结构。
- 了解和循环有关的常用内置函数。

3.1　赋值语句

　　Python 不需要对变量进行事先声明，给变量赋值后就确定了变量的类型。使用过程中可以随意改变变量名的类型。这种动态机制使得 Python 的变量使用非常灵活。

3.1.1　赋值语句和变量命名

赋值语句的格式很简单：

　　变量名=表达式

变量和常量相对，变量都有变量名。变量名必须以下划线或字母开头，不能以数字开头，后面可以跟若干字母、数字或下划线，中间不能有空格。

注意：不能使用 Python 中已有特定含义的保留字命名变量，例如 print、list、False、for 等，否则会引起冲突和错误。本书附录部分给出了 Python 3 中的 33 个保留字。还要注意的是，Python 中变量名是区分大小写的，也就是说，变量 A 和 a 将被视为不同的变量。

Python 中还有一些命名惯例，例如，变量名前后均有下划线的变量是系统定义的变量；由两个下划线开头的变量是类中的本地变量；导入模块时，模块中那些以单个下划线开头的变量不会导入等。常规变量命名以字母开头就可以了。

赋值语句左侧为要赋值的变量名，右侧可以是各种类型的对象。对变量赋值后，就可以使用该变量了。变量定义时的类型决定了变量的类型，定义时的位置决定了它的作用域范围。利用 type(<变量名>) 函数可以查看变量的数据类型。

```
>>> var_int=10              #整型变量
>>> var_str='Hello'         #字符串变量
>>> var_float=3.14
>>> var_list=[1,2,3]        #列表变量
>>> var_dic={1:'a',2:'b'}   #字典变量
>>> var_int                 #IDLE 环境下输入变量名则显示变量的值
10
>>> print (list(var_str))   #用 print 函数输出变量
['H', 'e', 'l', 'l', 'o']
>>> type(var_str)           #字符串类型
<class 'str'>
>>> type(var_list)          #列表类型
<class 'list'>
```

更准确地说，赋值语句创建的是对一个对象的引用，也就是用指定的变量名存储对象的引用值，所以变量更像 C 语言中的指针，它并不代表实际数据的存储位置。因此，如果利用赋值语句将一个变量赋给另一个变量时，实际上是创建了两个指向同一个对象的指针。尤其是对于那些可变类型的变量，比如列表和字典等，如果有多个变量同时指向一个对象，通过其一变量修改了这个位置的对象，将导致其他变量也随之改变。来看下面这些例子。

```
>>> a='This is a sentence.'   #定义了字符串变量 a
>>> b=a                       #将 a 赋值给 b，相当于 a 和 b 都指向存储字符串的位置
>>> del a
>>> b                         #删除 a，并不影响 b，字符串仍存在，b 仍指向那个字符串
'This is a sentence.'
>>> a=[1,2,3]                 #a 是个列表，列表是可变对象
>>> b=a                       #a、b 都指向该列表
>>> a[1]=9                    #通过 a 修改了列表，b 指向的是同一数据，因此也相应改变了
>>> b
[1, 9, 3]
```

请自行体会下面几个例子的差别。

```
>>> i=j=[]                    #i、j进行多变量赋值，相当于j=[]; i=j
>>> i.append(1)
>>> i
[1]
>>> j
[1]
>>> a=[]; b=[]                #a、b分别赋值，是两个独立的个体，不互相影响
>>> a.append(1)
>>> a
[1]
>>> b
[]
>>> a=[[0]*3]*5               #利用*赋重复值，相当于创建了5个指针
>>> a
[[0, 0, 0], [0, 0, 0], [0, 0, 0], [0, 0, 0], [0, 0, 0]]
>>> a[0][1]=1
>>> a
[[0, 1, 0], [0, 1, 0], [0, 1, 0], [0, 1, 0], [0, 1, 0]]
>>> a=[[0]*3 for i in range(5)]    #列表解析方式的赋值结果就不一样
>>> a
[[0, 0, 0], [0, 0, 0], [0, 0, 0], [0, 0, 0], [0, 0, 0]]
>>> a[0][1]=1
>>> a
[[0, 1, 0], [0, 0, 0], [0, 0, 0], [0, 0, 0], [0, 0, 0]]
```

3.1.2　赋值的形式

给变量赋值有很多形式，可以一次给一个变量整体赋值，也可以为序列或元组中的元素分解赋值，还可以为多个变量同时赋值。另外增强赋值语句是将表达式和赋值结合起来的赋值方法，是更简洁的赋值和运算结合的方式。下面具体介绍这些赋值方式。

1. 变量整体赋值

变量整体赋值是最常见的赋值方式。

```
>>> var=3
>>> string='Hello'
>>> mylist=['a', 'b', 'c']
>>> D={1: 'x',2: 'y',3: 'z'}
>>> T=(0,0,0)
```

2. 序列和元组的分解赋值

为序列或元组分解赋值时，=左侧为指定列表或元组的元素变量名，然后和=右侧的各项分别匹配进行赋值。通常要求=左侧变量数目和右侧的值的数目要一致，否则会引发异常。分解赋值后，序列和元组中元素对应的变量可以独立使用。

```
>>>A,B=1,2               #不带括号的元组分解赋值
>>> [C,D]= 'xx', 'yy'    #列表元素分解赋值
>>> C
```

```
'xx'
>>> (a,b,c)= 'ABC'                       #元组分解赋值
>>>a,c                                   #显示 a 和 c 构成的元组
('A', 'C')
>>> string='Hello'
>>> a,b,c=string                         #分解赋值一定要注意=左右的元素数目匹配，否则出现异常

Traceback (most recent call last):
    File "<pyshell#4>", line 1, in <module>
        a,b,c=string
ValueError: too many values to unpack
```

上面最后一个例子中，当一个由 5 个字符构成的字符串为 3 个变量构成的元组赋值时，出现了不匹配的问题，引发了 ValueError。遇到这种情况，可以利用显式的索引和分片方式解决变量名的数目和变量值数目不匹配的问题。这是处理这类问题的一种方法。

```
>>> string='Hello'
>>> a,b,c=string[0],string[1],string[2:]     #利用分片处理不匹配问题
>>> a,b,c
('H', 'e', 'llo')
>>> (a,b),c=string[:2],string[2:]
>>> a,b,c
('H', 'e', 'llo')
```

利用分解赋值还可以实现其他一些小的功能，比如交换变量的值。

```
>>> x=1
>>> y=2
>>> x,y=y,x
>>> x
2
>>> y
1
```

3. 扩展序列解包赋值

Python 3.x 以后增加了扩展序列解包，使得赋值左侧变量数目可以不同于右侧的项数。该方法是使用一个带有单个星号的变量名，它可以收集没有给其他名称赋值的所有的内容。带星号的变量可以位于赋值目标的任何位置，如第一个变量、最后一个变量、中间位置都可以。赋值时，首先满足一般变量的赋值，而未匹配的部分都赋值给带星号的变量。扩展序列解包不仅适用于列表赋值，而且对任何序列类型如字符串、元组等也都适用。下面通过一个例子来体会扩展序列解包在赋值中的灵活应用。

```
>>> seq=[1,2,3,4]
>>> (a,b,c,d)=seq                        #项数和变量相同，赋值没有问题
>>>a,b,c,d
1,2,3,4
>>> a, b=seq                             #项数和变量数目不同，出现异常

Traceback (most recent call last):
    File "<pyshell#4>", line 1, in <module>
```

```
        a, b=seq
ValueError: too many values to unpack

>>> a, *b=seq                        #利用*b 收集列表剩余的元素
>>>a
1
>>>b                                 #b 为一个列表
[2,3,4]
>>> *a,b=seq                         #b 为列表最后一个元素，前面的元素由*a 收集
>>> a
[1,2,3]
>>> b
4
>>> a, *b, c=seq                     #列表最前和最后的元素赋给 a 和 c，其余被 b 收集
>>> a
1
>>>c
4
>>> b
[2,3]
>>> a, b, *c=seq
>>> a,b
1,2
>>>c
[3,4]
>>> a,*b='spam'                      #字符串也可以分解解包
>>> a,b
('s', ['p', 'a', 'm'])              #b 为收集得到的字符串列表
```

注意：Python 2.7.x 不支持扩展序列解包赋值法。

序列解包的方式使得赋值更方便。在函数参数传递中，我们还能再次接触这种收集机制的应用。

4．多重变量赋值

如果想给多个变量赋相同的值，可以利用多重变量赋值的方法。多重变量赋值也称链式赋值，是在一行语句中给多个变量赋予相同的值。多重变量赋值和给多个变量分别赋相同的值不等价，多重赋值实际上是使多个变量名指向同一个数据位置的赋值，即创建指向同一数据的多个引用。前面也曾提到，对于可变数据类型，如列表和字典，如果通过一个变量修改了数据，其他变量的值也将相应地改变。但是将一个变量删除并不影响其他变量的存在，因为数据对象仍存在，除非所有指向这个对象的指针都删除了，该对象才消亡。

```
>>> x=y=100          #等价于 y=100 和 x=y 两条语句
>>> x=x+1
>>> x,y              #数字是不可变类型，x 加 1 相当于重新赋值，因此 y 不变
(101, 100)
>>> a=b=[]           #多重赋值
>>> b.append('abc')  #列表可以原地修改，因此 b 的变化影响 a
>>> a,b
```

```
(['abc'], ['abc'])
>>> a=[1,2,3]
>>>b=[1,2,3]                    #这两条语句和 a=b=[1,2,3]  不等价
>>> a.remove(1)                #删除 a 的一个元素
>>> a
[2, 3]
>>> b                          #b 不受影响
[1, 2, 3]
```

需要注意一些很细节的赋值问题，请注意区分它们的不同。比如多重变量赋值和分别赋值的不同。

5. 增强赋值

增强赋值将表达式与赋值结合在一起，可同时完成表达式运算和赋值，也就是将运算后的结果再次赋给原变量。例如 x+=1 相当于 x=x+1。增强赋值语句比一般赋值运算语句更简洁，执行速度也更快。常用的增强赋值语句有：+=、-=、*=、/=、//=、**=、%=、^=、&=、|=、<<=和>>=。

```
>>> x=100
>>> x/=5                       #相当于 x=x/5
>>> x
20
>>> a=['x', 'y', 'z']
>>> a+='xyz'                   #相当于 a=a+'xyz'
>>> a
 ['x', 'y', 'z','x','y','z']
```

如果给变量赋重复的值，可以用乘法运算完成，比如：

```
>>> x ='a'*3
>>> x
'aaa'
>>> y =[0]*5
>>> y
[0, 0, 0, 0, 0]
>>> z =[[0]*3]*5
>>> z
[[0, 0, 0], [0, 0, 0], [0, 0, 0], [0, 0, 0], [0, 0, 0]]
```

赋值语句比较简短时，还可以将多个赋值语句放在一行写，多个语句之间用分号隔开。形如：

```
a1=1; a2=2; a3=3
```

在一行中的多个语句在执行时按照从左到右顺序执行。不过一般不推荐这种写法。

3.2   if 语句

3.2.1   if 语句的格式

if 是条件判断语句，同样也是复合语句，在 if 中可以包括其他语句。复合语句在 Python 中有格式要求，一般首行语句以 ":" 结尾，下面被包含的语句则向内缩进。复合语句可以嵌

套其他复合语句，因此缩进的层次反映了嵌套的层次不同。在其他高级语言中，一般用层层的括号来反映嵌套的层次关系，但是 Python 不依靠括号体现嵌套层次，这是 Python 的独特之处，要格外注意。在交互环境下，输入一条以"："结尾的语句后，系统将自动缩进等待包含在内部的语句的输入，基本不用关心缩进的问题。但是在编辑器中编写较长的脚本时，设计者要根据代码的具体情况自行调整缩进量。制表键（Tab）常用来实现缩进的调整。Python 程序看上去十分整齐和规范，也正是这种规范的缩进规则使得 Python 程序结构清晰，可读性很强。

通用 if 语句的格式是：

```
if   测试条件 1:
     语句块 1
[elif 测试条件 2:
     语句块 2]
     …
[elif 测试条件 n-1:
     语句块 n-1]
[else:
     语句块 n]
```

if 语句执行时，先判断测试条件 1，如果为 True，则语句块 1 执行，否则进入 elif 的测试条件 2；如果为 True 则执行语句块 2，elif 可以是多个，也可以没有。最后如果所有条件不满足，将执行 else 部分的语句块 n。if 语句中，elif 和 else 部分都不是必需的，可以没有。if 语句是实现分支程序的重要语句，并且可以多层嵌套，但一定要注意缩进和语句块之间的关系。

例 3-1　符号函数的实现。接受用户输入的一个数字，如果为正数，符号函数值为 1；为负数，符号函数值为-1；如果输入 0，符号函数值为 0。在编辑器中编写如下脚本，并保存为 signal.py 文件：

```python
x=eval(input('Please input an int x: '))
if x>0:
    print ('The signal of x is: ', 1)
elif x<0:
    print ('The signal of x is: ', -1)
else:
    print ('The signal of x is: ', 0)
```

在 IDLE 环境下打开 signal.py，选择 run→run module 菜单命令运行程序。多次运行的结果如下：

```
Please input an int x: -3
The signal of x is: -1
>>> ========================= RESTART =========================
Please input an int x: 10
The signal of x is: 1
>>>=========================RESTART =========================
Please input an int x: 0
The signal of x is: 0
```

3.2.2　多行语句

如果语句很长一行不能结束，或者是为了便于清晰阅读，可将语句放在多行。多行语句输入时，有下面几种情况：

（1）如果语句中有括号，无论是()、[]还是{}，如果不能在一行中得到匹配，Python 将自动到下一行寻找配对的括号，因此，可以在多行输入带有括号的语句，直到括号匹配为止。例如：

```
L=['name',
   'addr',
   'job']
```

（2）在行尾添加"\"来表示在下一行将继续语句的输入。这种做法有点古老，同时也有可能忘记在行尾加"\"而出现错误，当一行内容比较多，或为了更清晰地表示，"\"还经常被使用。例如，if 语句有多个不同类的条件表达式，就可以分在两行书写：

```
if   a==b and c==d and\
     d==e and f==g:
     print ('ok')
```

3.2.3 测试条件的形成

形成分支的条件根据应用不同而不同，常见的条件表达式构成方式是利用比较运算、逻辑运算和测试运算等组成测试条件。关于比较运算、逻辑运算和测试运算的运算符参见表 2-1。条件表达式的结果只有真（True）和假（False）两种，当条件表达式为 True 时，称满足条件，if 语句块内的部分得以执行；否则程序继续向下执行语句块外的内容。当然 Python 中的真假不仅仅限于比较和逻辑运算的结果，任意的非 0 数据和非空数据结构也被视为 True，0 和空数据结构被视为 False。真值测试中为假的具体情况主要包括以下几种：

- None。
- 数字类型的 0 值，如 0、0.0。
- 空序列，如空字符串"、空列表[]、空元组()。
- 空映射，即空字典{}。
- 用户定义类中定义了__nonzero__() 或 __len__()方法，在类实例化时，如果这些方法返回值为 0。

其他情况下真值测试的结果为"True"。例如，bool('ab')为 True。

注意： 包含一个空格的字符串' '也为 True，这和空字符串不是一个概念。

比较运算符一般应连接两个类型相同的对象，而不能是两个不同对象作比较。数字比较的是数值大小，字符串可以比较是否相同，由于字符与其 ASCII 值可以相互转换，因此也可以用<、<=、>、>=等运算符连接字符串，依次比较字符串中各个字符的 ASCII 值，得到比较的逻辑结果为 True 还是 False。

```
>>> x=10
>>> x % 2 ==0
True
>>> y=-1
>>> x<y
False
>>> x and y
-1                    #True
```

```
>>> x or y
10                   #True
>>> s1='abc'
>>> s2='abc'
>>> s1==s2
True
>>> 'abc'<'x'
True
>>> 'abc'>'Abc'
True
>>> 'abc'<'abcd'
True
>>> 'abc' =='abc'
True
>>> 'abc'>'aa'
True
```

列表和元组等也是可以比较的，情况和字符串很类似，通过下面的例子理解比较后逻辑值 True 和 False 的含义。

```
>>> (1, 2, 3)< (1, 2, 4)
True
>>> [1, 3] > [1, 2, 4]
True
>>> (1, 2) < (1, 2, -1)
True
>>> (1, 2, 3)   == (1.0, 2.0, 3.0)
True
>>> (1, 2, ('aa', 'ab')) < (1, 2, ('abc', 'a'), 4)
True
```

Python 还支持一种连续的链式比较形式，例如 x<y<z 表示的是 x<y and y<z 的结果，x<y>z 则和 x<y and y>z 等价，a < b == c 和 a<b and b==c 等价。链式比较构建的条件表达式更符合人们的表达习惯，例如 0<=x<=10。

测试运算主要有 in 和 is，以及它们的否定形式 not in 和 is not。in 是成员测试，检查一个元素是否属于一个列表、元组、字典或集合等。在 if 语句中用 in 可以简化多值测试的表达式。is 是对象类型测试，检查是否是完全相同的两个对象。对变量而言，is 测试结果为 True 表明两个变量指向的是同一个对象，这一点要和==予以区分。另外，测试运算的优先级均低于数据运算的优先级。构建条件表达式还要注意运算的优先级顺序问题。

```
>>> x=5
>>> 1<=x<=10
True
>>> x=10.1
>>> 0<x<10
False
>>> 'a' in 'bacd'          #字符串成员测试
True
```

```
>>> 5 in [1,2,3]                #列表成员测试
False
>>> D={'x':1,'y':2}
>>> 'z' in D                    #字典成员测试
False
>>> 'age' not in {'name':'Tom', 'Adrr': 'UK', 'Age':20}      #区分大小写
True
>>> 'Age' in {'name':'Tom', 'Adrr': 'UK', 'Age':20}
True
>>> n=0
>>> if n in [1,2,3,4]:          #多值测试，等价于 if n==1 or n==2 or n==3 or n==4
          print("Success!")
      else: print("Failed!")

Failed!
>>> a=[1,2]
>>> b=[1,2]
>>> a is b                      #a 和 b 为不同的对象，尽管值相等
False
>>> a == b
True
>>> a=b=[1,2]                   #指向相同的对象
>>> a is b
True
```

3.2.4 if/else 表达式

if/else 不仅可以作为语句，还可以三元表达式的形式出现在语句中。if/else 表达式常用于条件赋值、迭代操作等。

```
    A=Y  if  X  else  Z
```

上面这个语句等价于这样的 if/else 语句：

```
    if  X：
          A=Y
    else：
          A=Z
```

下面是一个条件赋值的例子。

```
>>> x =-2
>>> y = 0 if x>=0 else -1
>>> y
-1
>>> a='Abc'
>>> b='Xyz'
>>> x= a if a>b else b
>>> x
'Xyz'
```

不过当条件比较复杂时，if/else 表达式可能就不能胜任了，还需要写成 if/else 语句的形式。

3.2.5　嵌套 if 结构

if 语句通过嵌套可以形成多层分支结构。嵌套结构要注意 if 和 else 之间的配对关系。在 Python 中由于没有了括号表明语句块之间的关系，配对关系要严格按照缩进量的不同来判断。例如：

```
if x == y:
    print x, "and", y, "are equal"
else:
    if x < y:
        print x, "is less than", y
    else:
        print x, "is greater than", y
```

当 x==y 时打印出 x and y are equal，不等时再去判断它们的大小，因此第二个 else 位于第一个 else 语句块内，和第二个 if 匹配。

3.3　while 和 for 循环语句

循环语句 for 和 while 用于实现重复的操作。一般 for 用于循环次数确定的情况，在循环次数不定时用 while 构建循环更方便。当然，在 Python 中，重复任务不仅能够用循环语句实现，还可以用迭代工具实现。

3.3.1　while 循环

1.　while 语句格式

while 循环语句的格式如下：

```
while  条件表达式:
        语句块 1
[else:
        语句块 2]
```

进入 while 循环前先测试条件表达式，如果满足条件，就执行语句块 1，并重复这个过程直至条件不满足。如果一开始条件就不满足，则不进入循环，因此 while 循环体有可能一次也不被执行。而 else 部分是可选的，else 语句块是在正常离开循环体并且没有 break 语句时执行的内容。如果 while 循环中根本没有 break 语句，但如果有 else 分句，也会执行。下面是测试代码。

```
x='Please'
while x:
    print (x)
    x=x[:-1]
else:
    print ('no break, but run else.')
```

运行结果是：

```
Please
Pleas
```

```
Plea
Ple
Pl
P
no break, but run else.
```

下面是应用 while 构建循环结构的一个例子。

例 3-2 打印 1～10 之间的所有数字。当然不必写 10 条 print 语句完成，在交互环境下用下面的循环结构程序段就能实现。

```
>>> x=1
>>> while x<=10:
        print (x)
        x+=1


1
2
3
4
5
6
7
8
9
10
```

while 循环结构是可以嵌套的，但要注意缩进问题，不同缩进的语句块意味着处于不同的层次。

```
statements0                    #和外层 while 并行的语句
while expr1:
        statements1            #expr1 满足时执行
        while expr2:           #嵌套在第一个 while 内
                statements2    #expr2 满足时执行
        statements3            #expr1 满足时执行
statements4                    #和外层 while 并行的语句
```

2. 跳出循环 break

正常情况下，只要条件满足 while 循环就一直进行下去，但是有时候可能需要根据某些条件提前结束循环，跳出循环体外。break 语句就起这个作用。前面提到的 else 语句常和 break 结合使用，表示没有遇到可以 break 的条件就执行 else 语句。下面是示例程序段。

例 3-3 不断接受用户的输入，如果是数字就继续输入，不是数字则退出。实现代码如下：

```
while True:
        x=input('Please input a character: ')
        print (x,end = ' ')
        if not x.isdigit():
                print ("is not a digit. That's the end.")
                break
```

```
print ("is a digit. Input again.")
```

程序的运行结果如下：

```
Please input a character: 5
5 is a digit. Input again.
Please input a character: 9
9 is a digit. Input again.
Please input a character: 2
2 is a digit. Input again.
Please input a character: =
= is not a digit. That's the end.
```

例 3-4 检查一个正整数 y 是否是质数。由于质数只能被 1 和它自己整除，因此只要从 2 开始寻找能被 y 整除的整数，一旦存在，就说明 y 是合数，否则如果直到(1/2)y 的整数都不能被 y 整除，那么 y 就是质数。在编辑环境下输入下面的程序段，然后在 IDLE 或命令行窗口中运行，体会 break 的用法。

```
y=eval(input('Please input an integrate: '))
x=y//2
while x>1:
    if y%x==0:
        print(y, 'has a factor',x)
        break
    x-=1
else:
    print (y, "is prime.")
```

运行结果如下：

```
Please input an integrate: 45
45 has a factor 15
Please input an integrate: 19
19 is prime.
```

3. 不执行循环体，回到循环开始部分的 continue

continue 语句在循环中用于跳过全部或部分循环体，回到循环的开始部分，但 continue 并不是退出循环。经常利用 continue 语句处理循环中有特殊性的部分，可以越过特殊部分不处理。例 3-2 中如果只想打印 1～10 之间的偶数，就可以用如下代码实现。

```
>>> x=1
>>> while x<=10:
        x+=1
        if x%2 !=0:
            continue
        print (x)


2
4
6
8
10
```

当然这不是最简洁高效的打印偶数的方法。只是想通过这个例子来帮助读者理解 continue 语句的作用。当 x 不是偶数时，就重新回到循环的开头，再次测试条件是否满足，而不去执行下面的循环体部分。

4. 不执行任何操作的 pass

pass 语句是一条不执行操作的语句。它的主要用处是，当某个任务没有具体设计时，可以用 pass 作占位语句，待有了具体内容再填入。很明显，下面是一个没有任何操作的无限循环结构。

```
>>> while True:
        pass
```

用 while 构建循环时，需要分析循环条件满足的情况，如果总是满足，那就有可能是不能退出的无限循环，必须避免。当然可以在循环结构中用 break 设计退出的条件。

3.3.2　for 循环

for 循环的用途很广，常用来构建已知次数的循环结构，如遍历字符串、列表、元组等序列对象。for 语句的一般格式如下：

```
for 赋值目标 in 对象：
    语句块 1
    [if 条件 1:break]
    [if 条件 2:continue]
[else:
    语句块 2]
```

for 的一般格式中，break 和 continue 及 else 部分都是可选的，和 while 循环类似。for 的主体部分是针对对象中的每个元素（赋值为目标变量）执行语句块 1。下面是用 for 遍历集合的例子。

```
>>> basket = ['apple', 'orange', 'apple', 'pear', 'orange', 'banana']
>>> for f in sorted(set(basket)):
...        print (f)
...
apple
banana
orange
pear
```

还经常利用 for 循环来构建字典对象。

```
>>> mydic={}
>>> for char in 'abcdefg':
        mydic[char]=0
```

下面这个在交互环境下实现的脚本用来求两个字符串 seq1 和 seq2 的公共字符。

```
>>> seq1='spam'
>>> seq2='scam'
>>> for x in seq1:
        if x in seq2:
            print(x, end=" ")
```

s a m

例 3-5 编写求 10 的阶乘的程序。先编辑如下代码并保存为 factorial-10.py 文件：

```
multi=1
print ('10!=1', end = " ")
for i in range(2,11):
    multi*=i
    print ('*',i, end = ' ')
print ('=',multi)
```

在命令行窗口或 IDLE 下选择 run→run modules 菜单命令来运行 factorial-10.py，得到运行结果为：

10!=1 * 2 * 3 * 4 * 5 * 6 * 7 * 8 * 9 * 10 = 3628800

同样，for 循环也可以嵌套构成更复杂的循环结构，这里不再举例。

3.3.3 与循环有关的内置函数

Python 中有几个内置函数在循环结构中经常用到，用于提升重复操作的效率。上面的例子中就用到了 range 函数。这里介绍一下有关函数的使用方法。

1. range 函数

range 函数用于生成一个连续增加的整数迭代对象。Python 2.7 版本中 range 返回一个列表。Python 3.x 后，为节约内存空间，函数不再一次性生成列表，而是返回可迭代的对象。如果想生成列表，可以用 list 函数将迭代对象转换为列表。range 函数的格式为：

range([start,] stop [,step])

range 的参数有三个：整数范围的起始值 start、终止值 stop 和变化的步长 step。其中，缺省时 start 值为 0，step 为 1。当终止值大于初始值时，步长为正数；而当终止值小于初始值时，步长也可以为负值。假设用 i 和 j 分别表示范围的起始值和终止值，range(i,j) 返回由整数(i, i+1, …, j-1)构成的对象。注意最后一个整数比终止值小 1，也就是说不包含终止值。range 和 for 经常搭配使用，为 for 提供重复操作的次数。

来看 range 函数的几种用法。

```
>>> range(3)
range(0, 3)                #返回一个迭代对象
>>>list(range (10))        #用 list 转换为列表
[0, 1, 2, 3, 4, 5, 6, 7, 8, 9]
>>>list(range(1, 11))
[1, 2, 3, 4, 5, 6, 7, 8, 9, 10]
>>>list(range(0, 30, 5))
  [0, 5, 10, 15, 20, 25]
>>> list(range(0, -10, -1))
  [0, -1, -2, -3, -4, -5, -6, -7, -8, -9]
>>>list(range(0))
  []
>>>list(range(1, 0))       #起始值大于终止值，返回空
  []
```

例 3-6 打印列表中的每个元素编号和对应的元素，相当于实现 enumerate。

分析： 题目是要遍历一个列表，因此可以用 len 函数获取列表中元素的数目，然后用 range 函数生成列表元素的位置编号，在 for 循环中打印元素位置和内容就可以了。在交互环境下的实现代码如下：

```
>>> list1=[1,'2','abc',[0,1,2]]
>>> for i in range(len(list1)):      #利用 len 函数获取列表的长度并作为 range 的参数
        print ('index: ',i, 'element', list1[i])


index:   0 element 1
index:   1 element 2
index:   2 element abc
index:   3 element [0, 1, 2]
```

2．zip 函数

zip 函数前面在构造字典时用过。zip 函数返回多个并行迭代对象（比如序列）构成的迭代对象。zip 函数的格式如下：

```
zip(iterable 1[,iterable 2 [...]])
```

zip 常用于 for 循环实现对多个序列的遍历。如果作为 zip 参数的多个迭代对象的元素个数不相同，zip 以最少元素数目为基准。下面这个例子中就是同时遍历 L1 和 L2 列表中对应位置的元素。当然，多于两个列表同样可以遍历。

```
>>> L1=['1','2','3','4','5']
>>> L2=['a','b','c','d']
>>> for (x,y) in zip(L1,L2):
        print (x, y, '---',x+y)


1 a --- 1a
2 b --- 2b
3 c --- 3c
4 d --- 4d
```

如果已经存在字典键和值的列表，用 zip 函数从这两个列表中分别提取字典元素的键和值部分，再用 dict 转换为字典，是一种高效的构造字典的方法。

```
>>> L2=['a','b','c','d']
>>> L3=[0,0,1,3]
>>> D=dict(zip(L2,L3))
>>> D
{'a': 0, 'c': 1, 'b': 0, 'd': 3}
```

3．map 函数

map 称映射函数，它对可迭代对象中每一个元素应用指定的函数，并返回调用该函数的结果的迭代对象。map 常用于对迭代对象应用同样处理的重复任务，map 使代码变得十分简洁。更重要的是，经运行测试，调用 map 比调用等价的 for 循环结构实现要快两倍。map 函数的使用格式如下：

```
map (func, iterables)
```

第一个参数为应用函数，可以是 Python 内置的函数名，也可以是用户自定义的函数，比如用 lambda 创建的匿名函数。用户自定义函数 lambda 的使用参见第 5 章。

map 的参数中，iterables 为要处理的可迭代对象。来看几个应用 map 的例子。为便于观察结果，我们将 map 生成的可迭代对象用 list 转化为列表。

```
>>> L=['a','c','e']
>>> list(map(ord, L))              #ord 是将字符转换为 ASCII 值的函数
[97, 99, 101]                       #将列表的每一个元素都转换为 ASCII 值
>>> L=[-1,-5,0,9]
>>> list(map(abs, L) )              #abs 是求绝对值的函数
[1, 5, 0, 9]                         #将列表的每一个元素取绝对值后组成一个新列表
>>>list(map(pow,[1,2,3],[2,3,4]))    #pow 是指数函数，以第一序列的元素为底
                                     #第二序列的元素为指数的运算结果
[1, 8, 81]
```

4．filter 函数

filter 称过滤函数，和 map 类似，对迭代对象中每一个元素应用指定的条件，返回满足条件的元素构成的迭代对象，相当于进行了数据过滤。filter 的使用格式如下：

```
filter (func,iterable)
```

例如：

```
>>>list(filter(bool,['Hi','',-1,0,None]))    #bool 函数返回输入参数是否为空的逻辑判断
['Hi', -1]                                    #过滤后得 bool 值为 True 的元素
```

本章小结

本章内容为 Python 中常用语句的语法和功能介绍，包括赋值语句、if 语句和 for/while 循环语句，还有常与循环结构搭配使用的函数。赋值是常用定义变量的方法，本章介绍了赋值语句的多种情况和赋值结果。程序中如果需要根据执行情况作不同处理，就用 if 语句来实现分支，构成条件测试表达式的关键是弄清楚哪些表达式的测试结果为 False，哪些为 True。for 和 while 循环语句用来实现重复任务，while 的循环次数由后面的条件表达式是否为 True 决定，在表达式为 False 时退出。for 通常用于循环次数已知的情况。循环结构可以嵌套多层。

本章还介绍了几个经常和循环结构一起使用的内置函数 range、zip、map 和 filter 的使用格式。这些函数生成可迭代对象，用于循环遍历，学会应用它们将使得代码更简洁和高效。

Python 对语句格式的要求十分严格，缩进量体现了语句块的层次关系，这也是 Python 和其他语言的一个显著的不同。对 Python 语句和基本语法的准确掌握是程序设计的重要基础。读者经过本章学习后，就具备了编写 Python 脚本的基本知识，可以尝试阅读和编写代码了。

习题 3

一、选择题

1．关于 Python 语句的格式，正确的说法有（　　）。

　A．一条语句以下一个新行的开始为结束（回车），不以分号结束

　B．长语句跨多行时，可用"\"接在一起

C．语句块必须用 Tab 键形成相同空格的缩进

D．语句块以 "：" 标识开始，以回退缩进量表示结束，语句块内的缩进保持一致

2．下面语句格式正确的是（　　　）。

A．if a:

　　statement1

　　else：

　　statement2

B．if a:

　　statement1

　　else：

　　　　statement2

C．if a:

　　statement1

　　else：

　statement2

D．if a:

　　statement1

　　else：

　　statement2

3．print 使用和说法正确的是（　　　）。

A．print 多个表达式时，表达式之间用空格分开

B．print 多个字符串时，可以用逗号将字符串连在一起

C．print 在 Python 2 和 Python 3 中意义不同，在 Python 3 中不是语句，而是函数

D．print 函数通过调整参数将不同的内容打印在同一行上

4．下面赋值方式正确的有（　　　）。

A．x,y=1,2

B．x,*y=1,2,3,4

C．x=y=z='spam'

D．x+=80

E．x,y,z='abc'

5．
```
>>>a=b=0
>>> b+=1
>>> print(a,b)
```
的结果是（　　　）。

A．0　1

B．1　1

C．1　0

D．不定

6．
```
>>>a=b=[]
>>> b.append(2)
>>> a, b
```
的显示结果是（　　　）。

A．([2],[2])

B．([], [2])

C．([],[])

D．()

7．
```
>>>a=[]; b=[]
>>> b.append(2)
>>> a, b
```
的显示结果是（　　　）。

A．([2],[2])

B．([], [2])

C．([],[])

D．()

8．
```
>>>a=[1,2,3,4]
>>> b=a[:]
>>> a.reverse()
>>>print('a'=,a)
>>>print('b'=,b)
```
的显示结果是（　　　）。

    A．a=[1,2,3,4]   B．a=[4,3,2,1]   C．a=[1,2,3,4]   D．a=[4,3,2,1]

       b=[1,2,3,4]   b=[1,2,3,4]   b=[4,3,2,1]   b=[4,3,2,1]

9．下列布尔表达式视为 False 的有（　　　）。

    A．0   B．False   C．None   D．' '   E．{} [] ()

10．>>> a=b=[1,2,3]

    >>>d=[1,2,3]

    a==b, a is b, a==d, a is d 四条语句的运行结果分别是（　　　）。

    A．T, F, T,T   B．T,T,F,F

    C．T,F, F, T   D．T,T,T,F

11．x= 't' if 'do' else 'f' 的执行结果是（　　　）。

    A．True   B．False   C．'t'   D．'f'

12．比较语句可以是链式的，a < b == c 等价于（　　　）。

    A．a < b and a == c   B．a < b and b == c

    C．a < b or a == c   D．a < b or a == c

13．关于 Python 内存管理，下列说法错误的是（　　　）。

    A．变量不必事先声明

    B．变量无须先创建和赋值而直接使用

    C．变量无须指定类型

    D．可以使用 del 释放资源

14．下面代码运行后，a、b、c、d 四个变量的值描述错误的是（　　　）。

```
import copy
a = [1, 2, 3, 4, ['a', 'b']]
b = a
c = copy.copy(a)
d = copy.deepcopy(a)
a.append(5)
a[4].append('c')
```

    A．a ==   [1,2, 3, 4, ['a', 'b', 'c'], 5]

    B．b ==   [1, 2, 3, 4, ['a', 'b', 'c'], 5]

    C．c ==   [1, 2, 3, 4, ['a', 'b', 'c']]

    D．d ==   [1, 2, 3, 4, ['a', 'b', 'c']]

15．a 与 b 定义如下，下列（　　　）是正确的。

        a = '123'

        b = '123'

    A．a != b   B．a is b   C．a == 123   D．a + b = 246

16．选项（　　　）能解释下面的执行结果。

    print (1.2 - 1.0 == 0.2)

    False

    A．Python 的实现有错误   B．浮点数无法精确表示

    C．布尔运算不能用于浮点数比较   D．Python 将非 0 数视为 False

二、操作和编程题

1．接受用户输入，如果不是字符串就不断要求输入，直至遇到字符串，然后输出问候信息并退出程序。程序段的运行有类似如下结果。

Please input your name: 5

5 is not a name. Input again.

Please input a character: Xixi

Hello Xixi! Welcome to Python world!

2．试利用 for 语句和 range 函数输出下面的结果：

[1]

[1, 2]

[1, 2, 3]

[1, 2, 3, 4]

[1, 2, 3, 4, 5]

3．输出九九乘法表，格式要求工整。

4．打印出所有的"水仙花数"，所谓"水仙花数"是指一个 3 位数，其各位数字立方和等于该数本身。例如，153 是一个水仙花数，因为 $153=1^3+5^3+3^3$。

5．输出 1～100 之间不能被 7 整除的数，每行输出 10 个数字，要求应用字符串格式化方法（任何一种均可）美化输出格式。

6．如果一个字符串左右是对称的，则称"回文"。例如"上海自来水来自海上"就是一个回文字符串。编程判断用户输入的字符串是否是回文。

7．用户输入一个平面点的坐标(x,y)，判断点位于哪个象限（Q1、Q2、Q3、Q4）。如果点位于坐标轴上，直接输出点的坐标。输入格式为：x,y。

8．编程实现摄氏度和华氏度之间的转换。摄氏度输入时以字母 C 或 c 开头，华氏度输入时以 F 或 f 开头。程序根据输入自动判断温度的类型并转换为另一种温度输出（保留 2 位小数）。摄氏度 C 和华氏度 F 之间的转化公式如下：

C=(F-32)/1.8

F=C*1.8+32

9．在交互环境下求两个字符串 seq1 和 seq2 的最长公共子串（设 seq1='提高人民生活水平', seq2='高人民生'）。

10．循环输出字符串字符排列，如 x='spam'，输出 spam pams amsp mspa。

11．试输出下面这几个图形。

12．根据下面两个列表构成一个字典 D，以 keys 中的元素为键，vals 中相应位置的元素为值。

keys=['a', 'b', 'c']
vals=[1,2,3]

13．验证 $\sum_{x=1}^{\infty}\dfrac{1}{x^2}=\dfrac{1}{1^2}+\dfrac{1}{2^2}+\dfrac{1}{3^2}+\dfrac{1}{4^2}+...=\dfrac{\pi^2}{6}$。编程设置 x 不同大小的上限值，计算并输出有限数列的和，并和 $\dfrac{\pi^2}{6}$ 的结果对比。查看随着 x 上限值的增大，数列的和对 $\dfrac{\pi^2}{6}$ 的逼近情况。

14．密码检测程序：在设置密码时，合法密码的要求是长度在 6～12 个字符之间，并且要包含至少一个大写字母、一个小写字母、一个数字和一个特殊符号（$、#、@）。编写一个密码合法性检测程序，由用户输入几个密码，密码之间用",",隔开，输出合法的密码。例如用户输入：Abc312@1, f1#, 3We*, w@2R3f，程序输出为：Abc312@1。

第4章 迭代、解析和生成器

第3章中的 for 和 while 循环语句是设计循环结构、完成重复任务的方法，除此之外，Python还有看起来更强大的实现重复操作的工具，那就是迭代（iteration）和解析（comprehension）。熟练运用迭代和解析将使程序的可读性更强，代码史简洁，效率也更高。生成器是 Python 中的新概念，是一种可以延时返回结果的函数，适用于对内存消耗比较高的大数据和复杂任务，因为生成器函数只在需要的时候返回结果，而不是像普通函数那样一次性返回所有结果。

学习目标

- 掌握基本概念：迭代、解析和生成器。
- 掌握列表解析，熟悉字典和集合解析的使用。
- 学习生成器函数和生成器表达式的定义和使用。

4.1 迭代

迭代是完成重复任务的一种方法。而 for 循环提供的就是一种迭代环境。迭代器（iterator）是 Python 的一种对象类型。迭代器中内置了__next__方法，调用__next__方法可以获得可迭代对象的下一个值，不断调用__next__就可对迭代对象遍历。如果已经达到迭代对象的结尾，没有下一个值时，再调用__next__方法将触发一个异常。可迭代对象是序列对象的泛化，是指按照有序方式存储的、在迭代环境下支持内置函数（方法）__next__的一类对象。前面已经接触过多种 Python 中可迭代的对象了，如序列、字典、文件等都是可迭代对象。

迭代和循环相比，其优势在于能够降低重复任务的代价，代码也显得更简洁和优雅。例如文件的读取，调用文件对象的__next__方法可以一行一行地读入文件，相当于 file.readline()方法。当文件很大时，一次性读入全部文件内容往往不能实现，而利用文件迭代不仅可以实现文件的一行一行地处理，还比使用普通的循环语句块更高效。下面先来认识一下文件迭代器的应用。

```
>>> fh=open('test.txt','r')          #生成一个文件对象
>>> fh.__next__()                    #调用文件对象的__next__方法读取文件的一行
'The slides for the course as taught this year will be made available below\n'
>>> fh.__next__()                    #读取文件的下一行
'this year will be made available below\n'
>>> fh.__next__()                    #继续读取下一行
'Hi, Guys.\n'
```

文件对象就是自身的迭代器，也就是内置了自己的__next__()方法，但是列表和字符串等其他对象虽然是按照位置存储的序列对象，但并不是自身的迭代器，没有内置__next__()方法。利用 iter 函数可以将一个序列对象生成它自身的迭代器，然后就可以使用__next__()方法了。

```
>>> L=[0,1,2,3]
```

```
>>> I=iter(L)
>>> I.__next__()
0
>>> I.__next__()
1
>>> I.__next__()
2
>>> I.__next__()
3
>>> I.__next_()
```

```
Traceback (most recent call last):
    File "<pyshell#42>", line 1, in <module>
        next()
        StopIteration
```

```
>>> s = 'abc'
>>> it = iter(s)
>>> it
<iterator object at 0x00A1DB50>
>>> it.__next__()
'a'
>>> it.__next__()
'b'
>>> it.__next__()
'c'
>>> it.__next__()
Traceback (most recent call last):
    File "<stdin>", line 1, in?
        it.next()
StopIteration
```

在 for 循环结构中，实际上是自动生成了一个迭代环境，因此无需显式地使用 iter 函数生成迭代，只要是 in 后面为可迭代对象即可。注意上面的例子中，当迭代到对象最后位置时，再次调用__next__()方法将触发一个 StopIteration 的异常，这时候可以通过 try 语句捕获这个异常并处理迭代结束。try 语句将在异常处理部分介绍。

4.2 解析

解析（comprehension）也是 Python 中的一个新概念，看起来有些高级，却很容易理解和运用，而且效率往往比 for 循环高很多。列表、集合和字典对象都可以进行解析。

4.2.1 列表解析

列表解析返回的是列表对象。列表解析的使用格式主要有下面两种。
格式 1：

```
                   [表达式 for 迭代变量 in 迭代对象]
格式 2：
                   [表达式 for 迭代变量 in 迭代对象 if 条件]
          >>> vec = [-4, -2, 0, 2, 4]
          >>>[x*2 for x in vec]                    #列表的每一个元素乘以 2 后的列表
            [-8, -4, 0, 4, 8]
          >>>[x for x in vec if x >= 0]            #返回列表中≥0 的元素
          [0, 2, 4]
          >>> [i + 1 for i in range(10)]
          [1, 2, 3, 4, 5, 6, 7, 8, 9, 10]
          >>> [i + 1 for i in range(10) if i % 2]
          [2, 4, 6, 8, 10]
          >>> from math import pi                  #导入 math 模块中的 pi 常量
          >>> [str(round(pi, i)) for i in range(1, 6)]   #对 pi 进行不同的舍入操作，返回列表
          ['3.1', '3.14', '3.142', '3.1416', '3.14159']
```

上面的语句非常接近人的自然语言的句子，[i + 1 for i in range(10)] 表示：对每一个在 0～10（不含 10）之间的 i 都进行+1 操作，并以+1 后的结果构成一个列表。第二个语句则增加了一个条件，[i + 1 for i in range(10) if i % 2]表示：对每一个在 0～10（不含 10）之间的 i，如果 i%2 为 1（即奇数）的情况下，对 i 进行+1 操作，并把+1 后的结果返回，因此都为偶数。

在实际应用中经常遇到这种对列表每个元素进行相同操作的任务。比如，文件读入的方法 readlines()将文件内容一次性读入一个列表，文件的一行字符串就是列表的一个元素。若想针对每一行都执行去掉行末尾空白（包括空格和回车符）的操作，就可以在文件对象上使用列表解析。仅仅一条语句就和 for 循环结构处理等价，十分简洁、高效。

```
          >>> f=open(r'.\mylab\test.txt','r')
          >>> lines=f.readlines()
          >>> lines
          ['The slides for the course as taught this year will be made available below\n', 'this year will be made
          available below\n', 'Hi, Guys.\n', 'Morning!\n']
          >>> lines=[line.rstrip() for line in lines]      #文件列表解析，删除每一行末尾的空格
          >>> lines
          ['The slides for the course as taught this year will be made available below', 'this year will be made
          available below', 'Hi, Guys.', 'Morning!']
          >>> [line.split() for line in lines]             #将每一行字符串都以空格分开，得到嵌套的列表
          [['The', 'slides', 'for', 'the', 'course', 'as', 'taught', 'this', 'year', 'will', 'be', 'made', 'available', 'below'], ['this',
          'year', 'will', 'be', 'made', 'available', 'below'], ['Hi,', 'Guys.'], ['Morning!']]
```

不仅如此，列表解析还可以嵌套，也就是说可以包含任意数目的 for 子句在解析式中，每一个 for 子句还可以带有自己的 if 子句。例如：

```
          >>> [x+y for x in 'bc' for y in 'lmn']
          ['bl', 'bm', 'bn', 'cl', 'cm', 'cn']
```

对每一个字符串'bc'的字符和每一个字符串'lmn'的字符进行组合操作，组合后的字符串构成一个列表，因此相当于 for 循环嵌套，第一个 for 是外循环，第二个 for 是内循环。

列表解析在矩阵运算中也有十分灵活的应用，比如求矩阵的列元素、矩阵的转置、求对角矩阵等。下面是求矩阵列元素和转置的例子，是在解析式中嵌套了一个解析式来实现的。

```
>>>matrix = [ [1, 2, 3, 4],
            [5, 6, 7, 8],
            [9, 10, 11, 12] ]
>>>[ r[2] for r in matrix]                    #矩阵的第三列
[3 ,7, 11]
>>>[[row[i] for row in matrix] for i in range(4)]    #转置矩阵
[[1, 5, 9], [2, 6, 10], [3, 7, 11], [4, 8, 12]]
```

4.2.2 字典和集合解析

Python 3.0 后字典和集合也具有解析形式。集合解析只需要将列表解析格式中最外侧的[]改为{}即可。

```
>>> s= {v for v in 'ABCDABCD' if v not in 'CB'}
>>> print (s)
{'A', 'D'}
>>> set(x*x for x in range(10))
set([0, 1, 4, 81, 64, 9, 16, 49, 25, 36])
```

字典的解析格式要稍复杂些，格式如下：

{key 的表达式: val 的表达式 for (key, val) in 列表 [if 条件]}

同列表解析一样，字典解析也有两种格式，这里合并在一起给出了。格式中的 if 条件部分是可选的。字典解析格式中，第一部分是键的表达式，冒号后是值的表达式，然后就是 for 引导的循环表达式，(键,值)可以从一个列表中获取，也可以利用 zip 函数从两个列表中并行取得，最后可以添加由 if 给出的运算条件。字典解析在创建字典、初始化字典等工作中十分高效。通过下面几个例子可以看出字典解析的强大。

```
>>> D={k:v for (k,v) in zip(['a','b','c'],[1,2,3])}    #构建字典
>>> D
{'a': 1, 'c': 3, 'b': 2}
>>> D={c:c*3 for c in 'spam'}                 #键值从一个序列中获得
>>> D
{'a': 'aaa', 'p': 'ppp', 's': 'sss', 'm': 'mmm'}
>>> D={c.lower():c+'!' for c in ['APP','DOC','JPG']}
>>> D
{'doc': 'DOC!', 'app': 'APP!', 'jpg': 'JPG!'}
>>> D=dict.fromkeys(['a','c','e'],0)           #为字典不同的键赋相同的值
>>> D
{'a': 0, 'c': 0, 'e': 0}
>>> D=dict.fromkeys('spam')                    #字典不同的键的初值均为空
>>> D
{'a': None, 'p': None, 's': None, 'm': None}
```

4.3 生成器

生成器（generator）是一种延时产生结果的工具。当处理的数据比较大或任务很复杂时，一次性产生结果的代价很高，不立即产生结果的好处是可以节省内存空间，或者分散任务执行的时间，从而减低对机器硬件的要求,在低配置的计算机上也能完成大量数据和较复杂的任务。

Python 的生成器有两种语言结构：一种是生成器函数，另一种是生成器表达式。

4.3.1 生成器函数

生成器函数的定义和普通函数的定义一样，都用 def 语句，但是生成器函数使用 yield 语句一次返回一个结果，而不是普通函数用 return 语句返回全部结果。和返回一个值并结束的普通函数不同，生成函数产生一个值后被挂起，待下一次调用又可以继续执行再生成一个值，也就是执行到 yield 语句时，向调用者返回一个值后暂停函数。可见，生成函数不是一次性产生所有结果，这一点处理大量数据时尤其有用。生成器函数的概念不是很好理解，简单地从形式上看，生成器函数和普通函数的差别在于是否含有 yield 语句，用 yield 语句返回结果的就是生成器函数。

Python 3.0 后生成器函数利用了 Python 中的迭代协议，从而支持__next__()方法。来看一个生成平方值的生成器函数的定义和使用。这个函数生成 1~N 之间数的平方值。但是在 for 循环中，每生成一个平方值后就暂停，待再次调用该函数时再生成下一个平方数。因此函数在 for 循环中重复调用，依次生成结果。请看下面的例子。

```
>>> def genseq(N):
        for i in range(N):
            yield i**2

>>> for i in genseq(5):
        print (i)


0
1
4
9
16
```

调用生成器函数得到的是一个生成器对象（generator object），可以调用对象的__next__方法进行迭代。也可以用 next()函数遍历每一个元素。在迭代用尽时将会抛出一个异常 StopIteration。下面我们把上面定义的生成器函数赋值为一个变量，这个变量每调用一次 next()函数便生成一个值。

```
>>> x=genseq(4)
>>> x
<generator object genseq at 0x0000000002ADBF30>
>>> next(x)
0
>>> next(x)
1
>>> next(x)
4
>>> next(x)
9
>>> next(x)
```

```
Traceback (most recent call last):
    File "<pyshell#18>", line 1, in <module>
        next(x)
StopIteration
```

注意：生成器函数为单次迭代过程，如果要重新开始，需要再次生成一个新的迭代器，或者说生成器函数只支持一次活跃迭代。还要注意，不能用通过赋值语句将生成器函数赋给另一个变量的办法来生成新的迭代，新的变量也会在原来的位置继续。

```
>>> y=genseq(4)
>>> next(y)
0
>>> next(y)
1
>>> z=y                    #不能通过赋值生成新迭代
>>> next(z)               #仍然延续上面的迭代
4
>>> next(y)
9
```

请分析下面这个生成器函数会得到怎样的迭代对象。

```
def revers(data):
        for index in range(len(data)-1, -1, -1):
                yield data[index]
```

用 for 循环调用该生成器函数的结果如下：

```
>>> for char in revers('golf'):
...        print (char)
...
f
l
o
g
```

4.3.2　生成器表达式

前面介绍的列表解析实际上属于一种生成器表达式，但生成器表达式不是放在方括号中，而是放在圆括号中。或者说，列表解析相当于生成器作为 list 函数的参数的结果。生成器表达式也生成可迭代的对象，用 list 函数可以将其转换为列表。下面是几个生成器表达式：

```
>>> [x**2 for x in range(4)]                #列表解析
[0, 1, 4, 9]
>>> (x**2 for x in range(4))                #生成器表达式
<generator object <genexpr> at 0x0000000002ADBF78>
>>> list(x**2 for x in range(4))            #list 函数将生成器表达式转换为列表
[0, 1, 4, 9]
```

本章小结

迭代、解析和生成器都是 Python 中的新概念，显得有些高级，也有些难理解。它们在重复任务中的表现往往比 for 循环结构来得更简洁和高效。学习迭代和解析生成器可以提升代码的可读性和效率,应用迭代和生成器更可以在低配置硬件上完成大量数据的处理或实现复杂的函数。

习题 4

一、选择题

1. 关于迭代器的说法，正确的有（　　）。
    A. 只有序列和字典可以迭代
    B. __iter__ 方法返回一个迭代器
    C. __next__ 方法调用迭代器没有返回值时返回 False
    D. 实现了 __next__ 方法的对象就构成了迭代器
2. 下面（　　）是解析的特点。
    A. 语句更紧凑　　　　　　　　　B. 效率高
    C. 可以嵌套循环和 if 条件子句　　D. 和一定的循环操作等价
3. 下面（　　）是 Python 的迭代工具。
    A. 元组　　　　B. 列表解析　　　C. 字符串　　　　D. for 循环
4. 下列代码的执行结果是（　　）。
    ```
    [i**i for i in range(3)]
    ```
    A. [1, 1, 4]　　　B. [0, 1, 4]　　　C. [1, 2, 3]　　　D. (1, 1, 4)
5. [(x, y) for x in [1,2,3] for y in [3,1,4] if x != y]的结果是（　　）。
    A. [(1, 3), (2, 1), (3, 4)]
    B. [(1, 3), (1, 4), (2, 3), (2, 1), (2, 4), (3, 1), (3, 4)]
    C. [(1, 3), (1,1), (1, 4), (2, 3), (2, 1), (2, 4), (3,3),(3, 1), (3, 4)]
    D. [1,2,3,3,1,4]
6. ```
   >>> vec=[[1,2,3], [4,5,6], [7,8,9]]
   >>> [num for elem in vec for num in elem]
   ```
   的结果是（　　）。
    A. [1, 2, 3, 4, 5, 6, 7, 8, 9]　　　B. [[1,2,3], [4,5,6], [7,8,9]]
    C. [[1,4,7], [2,5,8], [3,6,9]]　　　D. (1, 2, 3, 4, 5, 6, 7, 8, 9)
7. 定义一个生成器函数：
    ```
    def countdown(n):
        while n>0:
            yield  n
            n-=1
        return
    >> c=countdown(10)
    >> c.__next__()
    ```
    在交互环境下操作的执行结果是（　　）。
    ```

A. 10   B. [10,9,8,7,6,5,4,3,2,1]

C. [10]   D. (10,9,8,7,6,5,4,3,2,1)

二、操作和编程题

1. 假设给定一个出生年份的列表 years_of_birth = [1990, 1991, 1990, 1990, 1992, 1991]，用列表解析生成年龄列表 ages。

2. 将一个单词列表映射为一个代表了单词长度的整数列表。尝试用以下三种方式实现：

（1）for 循环。

（2）map 函数。

（3）列表解析。

第 5 章　函数

　　函数可以视为由语句构成的、完成某种功能的程序段。函数是实现功能封装的重要手段。函数内的代码只有调用时才被运行。函数定义时指定要传入的参数为形式参数，即形参；调用函数时对应传入的参数，称为实参。函数的参数要放在圆括号内。函数运行结束后返回调用者，并能返回设定的结果。前面几章中已经介绍了一些 Python 的内置（built-in）函数，如求绝对值的 abs()，打开文件的 open() 等，还有一些和内置对象有关的函数，如列表对象的 sort 和 append 方法、字符串分割的 split、大小写转换等。用户可以自行定义函数。函数是可以多次调用的程序段，使用函数可以避免重复代码编写，将复杂任务分解，并提高代码的重用性。本章主要介绍 Python 中函数的定义和调用方法、变量的作用域和函数参数传递等问题。

学习目标

- 掌握常用内置函数的使用。
- 掌握函数定义的方法。
- 熟悉函数参数的传递方法，调用函数时的参数分配情况。
- 了解函数变量的作用域，区分局部变量和全局变量。
- 学习匿名函数 lambda 的使用。

5.1　常用内置函数

5.1.1　常用函数

　　Python 内置了 68 个函数，主要包括数学相关的函数、序列相关的函数和对象类型函数等几大类。大部分函数在前面的章节中已经学习过，这里简单回顾一下。

1. 数学相关的常用函数

这些函数包括：

- 绝对值函数 abs(x)，如 abs(-3.5)=3.5。
- 四舍五入函数 round(x[,n])，如 round(3.14159,2) = 3.14。
- 求最小值函数 min(x[,y,z...])，如 min(1,0, -2,-5.3) = -5.3。
- 求最大值函数 max(x[,y,z...])，如 max(['a','A','n','B']) = 'n'。
- 求和函数 sum(iter,start =0)，如 sum([0,-1,-5, 6,10,3]) =13。

常用函数的参数明确，使用也简单。

2. 序列相关的常用函数

这类函数针对序列对象设计，主要包括求序列的长度函数 len(obj)、产生整数迭代序列的函数 range([start,]stop[,step]) 等。

3．对象类型函数

要获得对象的类型，可以使用 type(obj)函数。Python 内置基本类型有 int（整型）、float（浮点型）、list（列表）、str（字符串）、dict（字典）、tuple（元组）、set（集合）等。格式如下：

```
>>> type('')
<class 'str'>
>>> type(())
<class 'tuple'>
>>> type({})
<class 'dict'>
>>> type(1)
<class 'int'>
>>> type(0.)
<class 'float'>
```

5.1.2　迭代处理函数

迭代处理函数的参数是可迭代的对象。迭代函数对迭代对象进行过滤、映射、逆序、排序等。下面来看几个常见的迭代处理函数。

1．过滤函数 filter

filter 对可迭代对象 iter 的每个元素用指定的函数 function 过滤，得到一个生成器，返回使function 成立（或为 True）的元素。过滤函数的使用格式如下：

```
filter(function,iter)
```

例如：

```
>>> filter(lambda x:x>0, range(-6,6))           #返回生成器
<filter object at 0x00000000033D3B00>
>>> list(filter(lambda x:x>0,range(-6,6)))      #用 list 函数将结果转换为列表
[1, 2, 3, 4, 5]
```

2．映射函数 map

映射函数 map 对可迭代对象 iter 的每个元素应用指定的函数 function，返回一个生成器，返回用 function 处理后的元素。映射函数的使用格式如下：

```
map(function, iter)
```

例如：

```
>>>list( map(abs, [0,-1,-2,3,5]) )              #对列表的每个元素取绝对值
[0, 1, 2, 3, 5]
```

3．逆序函数 reversed

逆序函数将输入的序列 sequence 逆序生成一个可迭代对象返回，格式如下：

```
reversed(sequence)
```

例如：

```
>>> ori_list =[0,-1,-5, 6,10,3]
>>> reversed(ori_list)
<list_reverseiterator object at 0x00000000034CDC50>
>>> list(reversed(ori_list))
[3, 10, 6, -5, -1, 0]
```

4．排序函数 sorted

sorted 函数返回一个迭代对象排序后的列表，格式如下：

```
sorted(iter, key=None, reverse=False)
```

简单排序关键字参数可以缺失，默认为升序排序。接上例中 ori_list 的定义，排序后的结果为：

```
>>> sorted(ori_list)
[-5, -1, 0, 3, 6, 10]
```

5.1.3　类型转换函数

1．字符及字符串有关的转换

这些函数主要有：

- chr(i)：将整数 i 转换为字符。
- ord(x)：求字符 x 转换为 ASCII 码，即转换为整数。
- str(obj)：将对象 obj 转换为字符串。
- eval(str)：将字符串 str 转换为 Python 的表达式，执行表达式并返回结果。

2．数制之间的转换

- int(x[,base])：整数不同进制之间的转换，其中 base 参数为进制的基数。
- long(x[,base])：长整数不同进制之间的转换，其中 base 参数为进制的基数。
- float(x)：转换为浮点数。

3．数据结构之间的转换

- tuple(x)：将 x 转化为元组类型。
- list(x)：将 x 转化为列表类型。

5.2　函数的定义和调用

用户自定义函数使用 def 语句。def 语句创建一个函数对象，并将其赋值给指定的函数名。def 语句的一般格式如下：

```
def 函数名(形参 1,形参 2,...,形参 n):
        函数内的语句块
        [return 返回值]
```

def 语句首行包括函数名和形参表，并以"："结尾，随后缩进的语句为 def 语句块内的内容。函数名要符合变量命名方法和编程规范，通常用字母的小写形式构成，可以包括字母、数字和下划线等，如 test_func1、factorical 等都是合法的函数名。形参即形式参数，是定义函数时需要的参数。函数调用时形参的位置将被实际参数替代。根据情况，形参可以是 0 个或多个，多个形参之间用逗号分开。

注意：函数内部的语句块和 def 语句有一定的缩进。函数主体可以包括 return 语句，return 后面是函数的返回值列表，表示函数结束并将这些值返回调用者。如果有多个返回值，各值之间用逗号分隔。一个函数也可以没有返回值和 return 语句，这样系统会自动给调用者返回一个 None 对象。return 语句可以出现在函数主体的任何位置，不一定在函数的最后。

函数调用时，只要按照要求传入参数即可，格式如下：

函数名(实参表)

调用时传入的实参将替代函数定义时的形参。实参的个数、位置都应该和定义时的形参一一对应。即使函数没有形参，函数调用时也不能将括号省略。函数调用可以作为语句，如果函数有返回值也可以作为表达式的一部分，甚至可以作为另一个函数的实参出现。

不过，一个函数在调用前一定要先有定义，否则会出现运行错误。下面给出在交互环境下一个简单的函数定义和调用使用的例子。

```
>>> def square(x):            #x 为形参
    return x*x

>>> square(5)                 #函数调用，传入实参
25
>>> 10-square(3)              #函数调用作为表达式的一部分
1
>>>print(square(-3.2) )       #函数调用作为另一个函数的实参
10.240000000000002
>>> square('a')               #传入不正确的参数类型

Traceback (most recent call last):
  File "<pyshell#21>", line 1, in <module>
    square('a')
  File "<pyshell#18>", line 2, in square
    return x*x
TypeError: can't multiply sequence by non-int of type 'str'
```

例中的函数是一个实现平方运算的函数，但是定义函数时并没有对参数的类型予以限制。两次调用尽管传入的实参类型不同，但函数都能正常进行平方运算，是因为乘法运算连接的可以是整数，也可以是浮点数，而乘法的结果取决于传入参数的类型，因此返回不同类型的结果。这种依赖类型的行为也就是所谓的多态。但如果给函数传入的是一个字符串，因为 Python 内置的乘法运算不能实现两个字符串相乘，因此函数调用时出现异常并结束。可见实参和形参一定要一致，这里的一致包括了类型一致和位置对应。当然假如通过运算符重载定义了字符串乘的操作就不会出现异常。关于多态和运算符重载的知识将在第 7 章面向对象程序设计（OOP）中介绍。

定义函数时同时给出函数的说明文档是个好的设计习惯，说明文档用于描述函数的功能和使用方式。说明文档就是字符串常量，可以直接在 def 语句之后写，它将作为函数的一部分进行存储。当文档比较长时，可以用三引号括起来，以便多行书写。用户自定义的函数使用 help 查询这个函数功能时就能显示这部分说明文字，或者直接调用函数的__doc__方法也可以显示说明文字。

```
>>> def square(x):                        #定义函数
        'Calculats the square of a number x.'    #函数的说明文档
        return x*x

>>> help(square)
Help on function square in module __main__:
```

square(x)

Calculats the square of a number x.

>>>print (square.__doc__)

Help on function square in module __main__:

square(x)

Calculats the square of a number x.

5.3 参数传递

通过上面的例子我们已经初步认识了定义函数的形参和调用函数的实参之间的关系。如果把函数看作是完成某个任务的机器，那么参数就是给机器送入的要加工的材料，返回值则可以看作加工后的结果，当然不是所有函数都要求有返回值。参数传递是函数定义和使用的关键内容之一，本节讨论如何给函数传递参数。

5.3.1 参数传递的两种模式

Python 函数参数的传递模式和其他高级语言很相似，也分两种情况。如果参数是不可变类型，如数值、字符串、元组等，由于参数的不可改变特性，实际需要创建一份参数的拷贝再传递，这一点相当于通过值传递参数，即传值方式；如果参数是可变类型，如列表、字典等，这些参数是可以原地修改的，函数对于这样的参数，实际传入的是对象的引用，也就是在函数中如果修改了这些对象，调用者中的原始对象也将受到影响，可见，这种参数传递方法相当于通过指针传递参数，传递的是引用，又称传址方式。下面的例子是两种参数传递方式的对比。

```
>>> def unchange(unch):
        unch+=1
        print (unch)

>>> unchange(110)        #赋值数值传入
111
>>> def changed(ch):
        ch[0]+=1
        print (ch)

>>> changed([0,2,4])        #传入列表的引用
[1, 2, 4]
```

通过引用进行参数传递使得不必创建多个参数的副本而实现参数的更新。有时如果我们不希望可变参数在原地被修改，可以创建一个明确的对象拷贝传递给函数。我们仍然使用上例中 changed 函数的定义，但是本次是将列表的一个副本传入，因此不会影响原来的列表。

```
>>> L=[-1,0,1]
>>> changed(L[:])        #明确地创建一个列表的副本作为传入参数，L 就不受影响
[0, 0, 1]
>>> L
[-1, 0, 1]
```

给函数传递参数的引用还要格外注意，如果在函数内部将可变类型的形参赋值给其他变

量，对其他变量的修改依然是会影响到引用对象的。在上面的函数 changed 中，如果将传入的参数赋值给新的局部变量，尽管没有针对形参的具体操作，但是对新变量的修改依然影响原来的参数。

```
>>> def changed(chang):
        inner_var=chang
        inner_var[0]+=1
        print (inner_var)


>>> changed(L)
[0, 0, 1]
```

inner_var 是个函数内部定义的变量，称为局部变量，它只在该函数内有效。关于局部变量和全局变量的讨论，请见第 5.4 节。

5.3.2　参数的匹配

调用函数时将实际参数传入，传入的参数要和定义函数时的参数进行匹配。Python 中有两种参数匹配方式，第一种是最常见的位置参数，也就是根据参数的先后次序将实参和形参进行匹配；第二种为关键字参数，是根据参数名进行匹配的，通过 name=value 的形式向函数传入参数，关键字参数对参数的次序没有要求，是根据名字匹配的。

1. 位置参数的匹配

位置参数要求函数调用时传入的实参和函数定义时的形参在位置上一一对应，默认情况下是根据位置从左到右进行严格匹配。如果出现多余的实参或者有的形参未被赋值，就会触发类型异常。

```
>>> def max3(x,y,z):              #一个含有三个形参的函数
        if x>y>z or x>z>y:
            return x
        elif y>x>z or y>z>x:
            return y
        else:
            return z


>>> max3(1,3,4)                   #调用函数，传入三个形参，正常匹配
4
>>> max3(-2,0)                    #传入值的数目少于形参数目，调用函数出现异常

Traceback (most recent call last):
    File "<pyshell#51>", line 1, in <module>
        max3(-2,0)
TypeError: max3() takes exactly 3 arguments (2 given)
>>> max3(-1,0,2,4)                #传入值多于形参，调用函数也出现异常

Traceback (most recent call last):
    File "<pyshell#52>", line 1, in <module>
        max3(-1,0,2,4)
```

```
TypeError: max3() takes exactly 3 arguments (4 given)
>>> var=[6,7,8]
>>> max3(*var)                    #序列解包传递参数
8
```

可见，位置参数要求函数调用者熟悉函数定义时的形参含义和次序，不仅参数的数目要相同，还要注意参数的位置，防止出错。因此函数定义时，往往需要对函数参数的含义、数目和类型等加以说明，这正是函数文档的重要组成内容。当函数参数比较多时，对函数调用者而言，要准确匹配这些位置参数不是很容易，不留意就会出错。

调用时传递位置参数可通过解包序列实现。如果实参是序列对象，使用前加"*"的变量就可以对序列解包后传入。不过解包序列也应和位置参数对应才能匹配。上面最后一个例子就是解包一个列表实现参数匹配的。

除了这种常规的根据位置的匹配方法实现实参和形参的匹配，Python 还提供了关键字匹配的方法，使 Python 3.0 后的参数匹配方法变得更加灵活和丰富。

2. 关键字参数匹配和参数的默认值

函数参数都有一定的意义，为了明确参数的作用，可以为参数命名，而带有参数名的参数就称为关键字参数。以关键字形式传入函数的参数，可以让调用者不必关心参数的次序，通过关键字为参数赋值即可。在函数定义和调用时，都要使用关键字命名方式：name=value。参数传递时，系统通过关键字而不是参数的位置进行匹配。

通过下面的例子来认识一下关键字参数。假设函数 persons 有 4 个形参，每个参数在定义时利用 name=value 的形式给出该参数的默认值。当函数调用时，如果该关键字参数没有传入值，则使用定义时给定的这个值作为默认值。这是位置参数无法做到的。调用函数时，传入参数也要求用 name=value 的形式，即为关键字参数赋予新的值，新的值将覆盖函数定义时的默认值。关键字参数使得函数参数的意义更为明确，尤其适合函数参数比较多的情况。

```
>>> def persons(name='xxx',gender='F',hobby='music',age=30):    #定义函数，关键字参数
        print ('The information is:',name,gender,age,hobby)
>>> persons(name='Jenny',age=25,hobby='bike')    #调用函数，关键字参数次序没有要求
The information is: Jenny F 25 bike
>>> persons()                                    #调用时不传入参数，使用函数定义时的默认值
The information is: xxx F 30 music
>>> person_data={'name':'Lee', 'age':39,'gender':'F','hobby':'Boxing'}
>>> persons(**person_data)                       #利用字典解包传递关键字参数
The information is: Lee F 39 Boxing
```

最后一个例子中利用了字典解包的方式传递关键字参数，字典变量前要加**，字典的关键字要和函数的形参关键字对应，否则无法通过解包传入关键字参数。

关键字参数在函数定义时如果没有初始值，可以设为空或 None。但是需要注意，关键字参数的默认值只能使用一次，如果在函数中对关键字参数做了改变，尤其是可变类型的对象，要注意函数调用后对参数的影响。来看下面这个例子：L 作为一个关键字参数，函数定义时缺省为[]，但是在函数内部对其进行了修改。调用函数时尽管都使用了 L 的默认值，但由于 L 被函数原地修改了，因此再次调用时如果缺省 L 的值，L 将不再是函数定义时的默认值了。

```
>>> def f(a,L=[]):
        L.append(a)
```

```
        return L

>>> f(1)
[1]
>>> f(2)
[1, 2]
>>> f(3)
[1, 2, 3]
```

如果希望在后面的多次调用中关键字参数的默认值依然有效，可以通过添加条件测试语句实现。例如上面的例子，函数可以修改为下面的形式，就不会改变可变变量本身了。

```
>>> def f(a,L=None):
        if L is None:
            L=[]
            L.append(a)
            return L

>>> f(1)
[1]
>>> f(2)
[2]
>>> f(3)
[3]
```

关键字参数清晰地给出了参数名和值的对应，因此实际调用时即使参数次序发生了改变也不受影响。

实际应用中，函数的关键字参数可以和位置参数联合使用，但是位置参数要放在关键字参数前，否则系统报语法错误。毕竟位置参数是对参数次序敏感的参数。参数匹配时，系统首先做位置关系的配对，然后再根据关键字匹配参数。关键字参数方式的另一个优点是可以给出参数的默认值，正如例子显示的那样，定义函数时为关键字参数赋值。当调用函数时，如果该参数缺省，就自动使用函数定义时的值作为默认值。下面是联合使用位置参数和关键字参数的例子。

```
>>> def persons(name,hobby,age, gender='F'):
        print ('The information is:',name,gender,age,hobby)

>>> persons('Lily','music',20,gender='M')
The information is: Lily M 20 music
>>> persons('Wu','chess',40)              #关键字参数没有传入值，使用默认值
The information is: Wu F 40 chess
```

3. 参数收集

参数收集机制在函数定义时提供了更灵活的参数匹配方案。定义函数时如果不能确定参数的数目，可以利用参数收集方式定义形参。针对位置参数和关键字参数，收集分两种。第一种，以*开头的参数名，可以收集位置不匹配的参数，收集的参数形成一个包含位置信息的元组。*的含义就是收集多余的位置参数。如果是关键字参数形式，则使用**开头的变量收集额外的关键字参数，也就是第二种收集方法。**开头的参数收集的结果是一个字典变量，其中字典的键就是关键字参数名，值就是关键字的参数值。

```
>>> def f(*args):              #*args 为位置参数收集
        print (args)

>>> f()
()
>>> f(0)                       #传入一个值，收集的元组包含一个元素
(0,)
>>> f(1,2,3)                   #传入多个值，收集的元组包含多个元素
(1, 2, 3)
>>> def ff(**args):            #关键字参数收集
        print (args)

>>> ff()
{}
>>> ff(a=1,b=2)                #关键字参数收集得到一个字典
{'a': 1, 'b': 2}
```

在函数定义时，位置参数、关键字参数和参数收集策略可以混合使用，以应对函数复杂的参数情况。比如，在只能确定部分的位置参数或不知道参数名称的时候，就可以混合使用这些方式。需要注意的是，如果混合使用，位置参数、关键字参数和参数收集有排序的规则，要求位置参数排在最前，之后是位置参数收集或关键字参数，最后是关键字参数收集，这样系统能够明确参数的对应关系，传递参数时才能正确匹配。下面是个函数参数中各种方式的混合例子，注意函数定义时的形参写法，以及函数调用时实参的写法，最后注意它们之间形成的匹配关系。

```
>>> def f(a,b=0,*c):           #位置参数，关键字参数和位置参数收集混合
        print ('a=',a,'b=',b,'c=',c)

>>> f(9,-1,0,1)        #调用时都是位置参数的形式，匹配按次序进行，剩余的被收集
a= 9 b= -1 c= (0, 1)

>>> def f(a,b=0,**c):          #位置参数，关键字参数和关键字参数收集
        print ('a=',a,'b=',b,'c=',c)

>>> f(1,2,e=5,f=8)        #首先位置参数匹配，然后是关键字参数，最后被关键字收集
a= 1 b= 2 c= {'e': 5, 'f': 8}
```

这种混合策略可以十分灵活，其他更复杂参数传递的情况可参见 Python 手册的说明。

5.4 变量的作用域

一个函数中可以定义变量和函数，这些名称在函数内部定义，它们的影响范围和在函数外面定义的变量是不同的。函数内部的变量称为局部变量或本地（local）变量。局部变量的作用域在函数内部，在函数外则无法使用。在一个模块文件中，所有在函数之外定义的变量为全局（global）变量，全局变量的作用域是整个模块。也就是说，在该模块所有函数外和函数内都可以使用全局变量。先通过下面的例子来初步认识一下变量作用域的概念。该例是在交互环境下实现的。

```
>>> X=99                              #函数外定义的变量为全局变量
>>> def func():
        X=0                           #函数内定义的变量为局部变量
        print ('Inside X=',X)

>>> func()
Inside X=0                            #函数内部，优先使用局部变量
>>> print ('Outside X=',X)            #在函数外使用的是全局变量
Outside X=99
>>> def f():
        print ('X=',X)

>>> f()
X=99                                  #全局变量可在函数内使用
```

在第一个函数 func 外定义了变量 X，在函数 func 内部也定义了一个同名的 X，func 内部的 print 函数以 X 变量作为参数。调用 func 函数时，print 打印出的是函数内部定义的 X 的值，而不是外部的 X。说明内部的 X 覆盖了外部的 X。因为函数在调用时生成了由内部变量构成的一个命名空间。遇到变量名 X 时，print 函数首先在 func 函数自己的命名空间内查找 X 变量，如果有则首先使用函数内部定义的变量，而不管函数外部有无该变量名称。换句话说，函数内部变量和外部变量的名字并不会产生冲突，如果有同名的变量，函数内部变量将覆盖外部的同名变量。当函数调用结束时，该函数的命名空间也被释放了。因此在交互环境下再次 print (X)时，打印的就是函数外部的 X 了。也就是说，函数内部局部变量的作用域仅在函数内部，这也是将其称为本地变量的原因。

第二个例子我们定义了 f 函数，f 函数内部没有定义 X 变量，调用 f 执行 print(X)时，由于 X 不在 f 函数的命名空间中，所以就到函数外部找 X。因此打印的是函数外部定义的全局变量 X。也就是说，全局变量的作用域是整个模块。

通过上面的例子可以看出：局部变量和全局变量有不同的作用域，函数调用时动态地形成了由本地变量构成的命名空间，函数内部变量自然地和函数外部的变量区分开来。

赋值语句我们已经介绍过了，Python 的变量在使用前无须事先声明，只要赋值之后就可以使用，赋值的同时就定义了变量。因此，变量赋值的位置决定了变量的性质及作用域范围。变量赋值的位置有两种，一种是在模块（也包括交互环境下）中定义的变量，一种是在函数内部或表达式内部定义的。模块中定义的变量作用域是整个模块，而函数或表达式中定义的仅限于函数及表达式内部使用，不能被函数和表达式之外引用。再通过下面这个例子具体说明哪些变量是局部变量或本地变量。

```
def intersect(seq1,seq2):
    res=[]
    for x in seq1:
        if x in seq2:
            res.append(x)
    return res
```

例子中的本地变量包括：
● 函数内部通过赋值语句显式赋值的变量，如 res。

- 作为形参传入的变量，如 seq1 和 seq2。
- for 循环结构将元素值赋给的变量，如 x。

变量的作用域严格区分了函数内部和外部的空间。变量的不同作用域有助于函数变量的本地化，使得函数能够独立于调用者。下面是 Python 关于变量作用域的一般法则。

（1）模块文件中定义的变量是全局变量，其作用范围为全部模块代码空间。模块是分隔变量的顶层结构，一个模块的变量需要正确导入该模块后才能够执行和使用。

（2）函数内部的变量默认为本地变量，作用域是函数内部，在函数外无效。所以在每次函数调用时需要创建本地变量的命名空间。如果想在函数内定义一个全局变量，需要明确声明，即通过 global 语句来说明变量是全局的。全局变量在声明它的函数外也可以使用。也就是在函数内定义的全局变量作用域也是整个模块。

```
>>>X=88
>>> def func():
        global X
        X=100

>>> func()        #调用函数
>>> X             #在函数中对全局变量进行了修改
100
```

（3）原地修改变量不会改变变量的作用域，但是对变量名重新赋值可以。例如，有个全局列表 L，在函数内部调用增加元素的方法 L.append()，并不会把 L 变为函数的本地变量，L 仍然是全局变量。但是如果给 L 赋予一个新值 L=X，这时的 L 就变为在函数内定义的新的本地变量了。

Python 遇到一个未知函数变量时，变量名解析的次序符合所谓的 LEGB 法则。LEGB 分别代表了四个不同的作用域：首先查看变量是否在本地作用域（L）中，如果不在，再看是否存在嵌套函数，如果存在就到上一层函数的作用域中找（E）；如果没有，之后便到全局作用域（G）中找，最后是查找 Python 内置作用域（B），内置作用域包括内置的函数等。

一般函数和外界沟通的方式是传入参数和返回值，而全局变量的作用域是整个模块，如果函数内部使用全局变量，就相当于增大了函数和外界的联系，从而破坏了函数的独立性，因此设计中不建议在函数中过多地使用全局变量。

```
>>> X=99
>>> def func(Y):
        Z=X+Y
        return Z

>>> func(1)
100
```

上面这个例子中，全局变量是 X 和函数 func，Y 和 Z 是本地变量。函数内部使用了全局变量 X，X 和传入参数 Y 相加后赋值给 Z，并返回 Z 的值。

Python 3 中还增加了 nonlocal 语句，用于嵌套的作用域。在嵌套函数中声明变量为 nonlocal 后，可以在本地修改非本地变量。关于这个语句及更多的作用域讨论，感兴趣的读者可参考 Python 手册进一步了解。

5.5 递归

函数内部可以再调用函数实现函数的嵌套。如果一个函数在内部对自己进行直接或间接的调用就构成了递归（recursion）。数学中经常会遇到用递归的思路求解问题的例子，如求阶乘 n!=n×(n-1)×...×2×1。如果用 f(n)表示 n 的阶乘，那么有 f(n)=n×f(n-1)的递归关系。因此首先定义一个函数用来求 f(n)，n 作为函数的参数，那么 f(n)中就可以调用 f(n-1)，f(n-1)中调用 f(n-2)······构成递归调用的形式。

递归算法一般是通过子程序或函数来设计实现的。递归函数的设计就是基于这样层层剖解的思想。实际中能用递归解决的问题通常有这样的特征：对于规模为 N 的问题，可以将其分解成规模较小的问题，然后从小问题的解构造出大问题的解；同时小问题也能采用和大问题类似的分解和综合方法分解成更小规模的问题，并且从更小问题的解构造出规模较大问题的解。当规模等于 1 时，能够直接得到解。

实现递归，要解决两个关键问题。第一个问题是该任务的基本问题是什么，基本问题有没有解？比如求阶乘的例子中，层层调用后，最后的基本问题是求 f(1)的阶乘。这个问题有解，这样才能再层层回退，最后得到 f(n)的解。基本问题是递归调用的停止点，在停止点不再调用自身而返回基本问题的解，否则就会无限调用下去。比如下列函数就构成了一个无限递归，程序不能退出。

```
def recurse():
    recurse()
```

第二个问题是递归的构成，包括如何将问题分解、函数递归调用自己的位置和在哪里合并问题的部分解等三个子问题。

当然理论上能够用递归实现的问题都可以用循环结构实现，甚至用循环的时间和空间效率更高，不过递归实现更简洁，代码的可读性更强。用递归函数实现求阶乘的代码如下：

```
>>> def factorial(n):
        if n==1:
            return 1
        else:
            return n*factorial(n-1)


>>> factorial(5)
    120
```

下面将 5! 的求解过程解剖一下，如图 5-1 所示。

再来看另一个使用递归函数的例子。用递归函数实现折半查找算法。折半查找是针对一个已经排好序的列表进行的，给定一个要查找的关键数值，在列表中检索是否有这个关键值。当然，我们可以利用成员函数 in 来做这件事，但这里用递归的思想实现折半查找。折半查找是一个效率很高的算法，因为是在已经排序后的列表中检索关键值，因此可以首先从列表的中间位置开始，如果等于关键值，则找到关键字并返回这个位置编号；否则根据这个中间值和关键值的大小关系就能判断可能找到的位置是在这个中间值的左侧还是右侧，从而缩小一半的查找范围。重复这个过程，直到找到关键值。当左侧边界大于右侧边界时，表示全部检索完，如果没有找到就返回-1。这就是折半查找的算法思想。这个函数命名为 bi_search 函数，传入参数为列表的左边界、右边界、列表本身和要查找的关键值。

在交互环境下函数的具体实现如下：

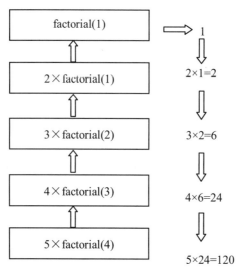

图 5-1　递归求解 5！

```
>>> def bi_search(left,right,L,x):
        if(left>right):
            return -1
        middle=(left+right)/2
        if(L[middle]==x):
            return middle
        elif(L[middle]<x):
            return bi_search(middle+1,right,L,x)
        else:
            return bi_search(left,middle-1,L,x)
```

运行结果如下：

```
>>> bi_search(0,3,[2,4,8,11],2)
0
>>> bi_search(0,3,[2,4,8,11],11)
3
>>> bi_search(0,3,[2.2,4.1,8,11.124],11.124)
3
>>> bi_search(0,3,[2.2,4.1,8,11.124],3.0)
-1
```

5.6　匿名函数 lambda

lambda 是一种以表达式形式生成函数的方法，和 def 语句类似，用于创建一个函数。相比之下，def 常用来设计功能复杂的一般性函数，而 lambda 用于创建简单函数，以适应更灵活的应用，也被称为函数功能速写。lambda 定义的函数没有函数名，生成的是一个表达式形式的无名函数，表达式的结果就是 lambda 的返回值。lambda 函数可以赋值给一个变量，或者作为列表常量，还可以参数的形式出现在一般函数的调用中。lambda 的函数表达式一般格式如下：

    lambda 参数 1,参数 2,...,参数 n: 由参数构成的表达式

一般函数定义中的参数传递的方法，如位置参数、关键字参数和参数收集等也适用于 lambda。来看一个 lambda 函数的例子：

```
>>> smaller=lambda x,y: x if x<y else y
>>> smaller('c','u')
'c'
>>> smaller(5,2)
2
```

例子中表达式 x if x<y else y 的结果是 x 和 y 中较小的那个数，因此此类的简单功能可用 lambda 灵活地实现。此外，lambda 用于表达式或作为函数的参数方面也有很多的应用。例如，有一个嵌套列表，如果简单地用 sort 方法排序，只能是根据嵌套列表的第一个元素进行排序，如果希望根据嵌套列表的非第一个元素的值排序，利用 lambda 函数构建 sort 方法的排序关键字就可以做到了，实现方法如下：

```
>>> L=[['Tom',90],['Mary',93],['York',85]]        #嵌套列表
>>> L.sort(reverse=True)                           #一般排序是依据列表第一个元素进行
>>> L
[['York', 85], ['Tom', 90], ['Mary', 93]]
>>> L.sort(key=lambda x:x[1],reverse=True)         #用 lambda 构成新的排序关键字
>>> L
[['Mary', 93], ['Tom', 90], ['York', 85]]
```

lambda 还经常和 map、filter 等内置函数联合使用。在循环语句一节曾介绍了这几个经常和循环语句一起使用的函数。在 map 函数的格式中，第一项参数要求是一个函数名，当时我们只使用了 Python 内置的函数如 abs、pow、bool 等对后面的可迭代对象进行统一的处理。学习了 lambda 匿名函数后，现在可以用 lambda 创建灵活的函数关系，实现更多样的函数功能了。再通过下面几个例子体会下 lambda 的应用。第一个例子是将列表元素的绝对值生成一个新列表，第二个例子是将列表元素都加 1 后生成新列表。这些任务中，lambda 定义的函数表达式直接写在函数中，一条语句就实现了一个小循环能实现的功能。lambda 也经常和 filter 连用。filter 是设置一定的条件过滤符合条件的元素。

```
>>>list( map(lambda x: x if x>0 else -x,[-1,2,-5.3, 10.9]))
[1, 2, 5.3, 10.9]
>>>list( map(lambda x: x+1,[-1,2,-5.3, 10.9]))
[0, 3, -4.3, 11.9]
>>>list(filter(lambda x: x<=0), range(-5,5)))
-5,-4,-3,-2,-1,0
```

5.7　一个函数实例

综合前面对函数的学习，本节介绍一个稍微复杂点的函数实例。数值或字符的排序是经常遇到的任务，此类任务也被人们设计为函数，在需要时直接调用，可以大大提高编程的效率。

排序算法有很多，下面是一个快速排序法的函数实现实例。通过这个函数的实现来回顾函数的基本知识并初步学习 Python 编程。

先来说明一下快速排序（quick sort）算法。假设我们要对一个列表中的元素从小到大排序。快速排序算法实现的思想是：首先选择列表中轴位置的元素 pivot，第一趟排序要做的工作是将列表中所有比 pivot 小的数都放到它左边，所有比它大的数都放到它右边，相等的放在中间，即通过第一趟排序把要排序的数据分割成三部分，其中左侧部分的所有数据比中间和右侧部分的所有数据都要小；然后再按此方法对左右两部分数据分别进行相同的重复处理，也就是将左右两部分数据作为参数，递归调用本身的排序函数，直至列表的长度为 1 返回；最后返回左侧列表、中间列表和右侧列表拼接后的结果，也就是整个列表元素的有序排列结果。

对左侧、中间和右侧部分构成数据的筛选，可以利用简洁的列表解析形式完成。再将左右侧列表作递归处理。下面就是用 Python 实现的快速排序代码。由于只有一个函数，可以在交互环境下编写 quicksort 函数，然后用 print 输出函数调用的结果。也可以将函数放在一个模块文件中，模块被导入后使用。

```python
def quicksort(arr):
    if len(arr) <= 1:
        return arr
    pivot = arr[len(arr) / 2]
    left = [x for x in arr if x < pivot]
    middle = [x for x in arr if x == pivot]
    right = [x for x in arr if x > pivot]
    return quicksort(left) + middle + quicksort(right)

>>> quicksort([3,6,8,10,1,2,1])
[1,1,2,3,6,8,10]
```

本章小结

在 Python 中用户用 def 语句创建自己的函数。def 语句是个可以实时运行的定义函数语句，在交互环境下也能方便测试。本章中，变量的作用域是个十分重要的问题，在函数内部定义的变量为本地变量或局部变量，其作用域在函数内部，不能在函数外部使用局部变量；而在模块所有函数外部定义的变量是全局变量，其作用域为整个模块文件。如果要在函数内声明一个可以在函数外使用的变量，要用 global 语句显式声明。

Python 的函数参数传递有两种模式：如果参数是不可变数据类型，则相当于传入值；如果参数为可变数据类型，则相当于传入引用。调用函数传入的实参要注意和定义函数的形式参数匹配。Python 支持两种类型的参数：位置参数和关键字参数。位置参数是按照次序匹配的参数，关键字参数是根据名字匹配的参数，定义函数时关键字参数还可以为函数的形参设置默认值。在函数定义时如果不能确定函数的数目可以利用参数收集的方式收集不匹配的参数，收集位置参数的变量前加*，收集关键字参数的变量前加**。

函数中可以嵌套函数，如果函数自己调用自己就是递归。匿名函数 lambda 作为表达式适合设计一些简单的函数关系，和 map、filter 等内置函数联用，使得 Python 的代码简洁又强大。

习题 5

一、选择题

1. 关于函数定义的说法，正确的有（   ）。

   A. 函数的定义构成一个语块

   B. 函数参数分位置参数和关键字参数，可以混合使用

   C. 利用位置参数可以提供默认参数值

   D. 关键字参数的次序没有要求

2. 下列函数参数的定义不合法的是（   ）。

   A. def myfunc(*args):   B. def myfunc(arg1=1):

   C. def myfunc(*args, a=1):   D. def myfunc(a=1, **args):

3. 下列代码的运行结果是（   ）。
   ```
   a = map(lambda x: x**3, [1, 2, 3])
   list(a)
   ```
   A. [1, 6, 9]   B. [1, 12, 27]   C. [1, 8, 27]   D. (1, 6, 9)

4. 关于 Python 中单下划线_foo 与双下划线__foo 和__foo__的成员，下列说法正确的是（   ）。

   A. _foo 不能直接用于'from module import *'

   B. __foo 解析器用_classname__foo 来代替这个名字，以区别和其他类相同的命名

   C. __foo__代表 python 里特殊方法专用的标识

   D. __foo 可以直接用于'from module import *'

5. Python 中函数是对象，描述正确的是（   ）。

   A. 函数可以赋值给一个变量

   B. 函数可以作为元素添加到集合对象中

   C. 函数可以作为参数值传递给其他函数

   D. 函数可以当作函数的返回值

6. 调用函数时参数匹配的原则是（   ）。

   A. 位置参数从右至左匹配

   B. 关键字参数匹配参数名字，次序任意

   C. 没有指定参数值的关键字参数用定义时的默认值

   D. 位置参数用带*的参数收集，关键字参数用**的参数收集

7. 交互环境下，下面代码的运行结果是（   ）。
   ```
   >>> X='spam'
   >>> def func():
               X='new'
   >>> func()
   >>>print (X)
   ```
   A. 'spam'   B. 'new'   C. 0   D. A 或 B

8. 交互环境下，下面代码的运行结果是（   ）。
   ```
   >>> X='spam'
   >>> def func():
   ```

```
        global X
        X='new'

>>> func()
>>>print (X)
```

    A．'spam'   B．'new'   C．0   D．A 或 B

9．
```
>>> def func(a, b=4, c=5):
        print (a, b, c)
>>>func(1,2)
```
    的输出结果是（　　　）。

    A．1 2 5   B．1 4 5   C．2 4 5   D．1 2 0

10．
```
def func(x, y, a=1, *par, **parameter):
        print (x,y,a)
        print (par)
        print (parameter)
```
    上述函数调用时 func(1,2,3,4,5, m=6)的输出结果是（　　　）。

A．1 2 1	B．1 2 3	C．1 2 3	D．1 2 1
（3,4,5)	（4,5)	(4,5)	(4,5)
{'m':6}	{'m':6}	(6)	{m=6}

11．
```
>>> def func(a, b, c):
        a=2;   b[0]= 'x';   c['a']= 'y'
>>> p=1; m=[1]; n={'a':0}
>>> func( p,m,n)
>>> p,m,n
```
    运行输出的结果是（　　　）。

    A．2 ['x'] {'a': 'y'}   B．1　[1] {'a': '0'}

    C．1　['x']　{'a': 'y'}   D．1　['x'] {'a': '0'}

12．
```
>>>x=6；y=9
>>>def foo():
        global y
        x=0
        y=0
>>> foo()
>>> x,y
```
    显示的结果是（　　　）。

    A．0　0   B．6　0   C．0　9   D．6　9

13．
```
>>> def appendL(L=[]):
        L.append(0)
        return (L)
>>> print (appendL())
>>> print (appendL())
```
    的显示结果是（　　　）。

A．[0]	B．[]	C．[0]	D．[]
[0]	[0]	[0,0]	[]

14．
```
>>> def appendL(L=[]):
```

```
            L=L+[0]
            return (L)
    >>> print (appendL())
    >>> print (appendL())
```
的显示结果是（　　）。

A．[0]　　　　　　　B．[]　　　　　　　C．[0]　　　　　　　D．[]

　　[0]　　　　　　　　　[0]　　　　　　　　　[0,0]　　　　　　　　　[]

15．函数调用方式正确的有（　　）。

A．直接调用　　　　　　　　　B．间接调用

C．闭包　　　　　　　　　　　D．作为数据结构的一个对象

16．匿名函数 lambda 的说法正确的是（　　）。

A．lambda 是个表达式，不是语句

B．lambda 的格式是：lambda 参数 1,参数 2,...:由参数构成的表达式

C．lambda 完全可以用 def 定义一个命名函数替换

D．mn=(lambda x, y : x if x<y else y)，则 mn(3,5)可以返回两个数中的较大值

17．将下面这段代码保存为 /usr/lib/python/person.py 并运行，结果是（　　）。

```
class Person:
    def __init__(self):
        pass
    def getAge(self):
        print ( __name__ )


p = Person()
p.getAge()
```

A．Person　　　　　　　　　　B．getAge

C．usr.lib.python.person　　　　　D．main E.An exception is thrown

二、编程题

1．定义一个函数 is_member()，输入一个值（可以为数字、字符串等）和一个列表。如果这个值是列表的一个元素，则返回 True，否则返回 False。

2．编写一个函数 overlaping()，输入两个列表，如果两个列表有公共元素，则返回 True，否则返回 False。可以调用第 1 题的 is_member()函数。

3．英文中有一种句子称为 pangram，句子中所有英文 26 个字母至少出现一次。例如 The quick brown fox jumps over the lazy dog. 定义一个函数 pangram()，用来检查一个英文句子是否是 pangram，是，返回 True，否则返回 False。

4．Fibonacci 数列的特点是：数列的前两项为 0 和 1，后面的每一项都等于其前面两项的和。定义函数 fib(n)，打印 Fibonacci 数列，传入参数为数列最大项的上限 n。运行结果形如：

```
    >>> fib(100)
    1   1   2   3   5   8   13   21   34   55   89
```

5．用一个函数求解鸡兔同笼问题。函数输入参数是头的数目 numheads 和腿的数目 numlegs，求解鸡和兔的只数 numch 和 numra。设 numheads=35，numlegs=94，求鸡和兔的只数 numch 和 numra。

第 6 章　模块

第 3 章中提到，Python 程序的顶层结构是模块（module）。模块是程序组织的高级单位，用于实现数据和代码的封装。一个 Python 文件就可以视作一个模块，模块提供了将独立文件连接构建更大、更复杂程序的架构及方式。模块化的架构提高了代码的重用性，方便实现数据共享。任何文件都可以从任何其他 Python 文件中导入定义的变量和函数在本地使用。在 Python 中自带了丰富的标准库模块，实现了一些标准的应用。安装 Python 的同时安装了这些标准模块，涉及操作系统接口、文字模式匹配、网络和 Internet 脚本等相关的模块，同时在 Python 的标准库手册中也有对这些模块的功能和使用方法的介绍，十分方便。本章首先学习 Python 模块的导入方法，再介绍几个常用标准库模块和第三方开发的模块。随着 Python 生态的发展，越来越多的人贡献着越来越多的实用模块库，本书不一一介绍。更多模块库可随时查阅官网提供的 Python 库索引，网址是 https://pypi.python.org。

学习目标

- 掌握模块的概念以及导入模块的方式。
- 学习标准库模块 os、sys、re、time、random 等的使用。
- 了解常用第三方模块如 turtle、numpy、pyinstaller、jieba、wordcloud 等的使用。
- 熟悉模块的搜索路径和下载方法，能够为下载的第三方模块设定搜索位置。

6.1　模块导入

模块是 Python 程序的顶层架构，一个 Python 程序可由若干模块构成。一个模块中可以使用其他模块的变量或标准库模块的变量（包括变量、函数和类等）。先通过图 6-1 认识一下 Python 程序的这种架构。图中 a.py 是一个顶层文件，也称主模块，主模块中使用了 b.py 模块中的变量，b.py 又导入了 c.py 模块。a、b、c 模块中又都可以使用 Python 标准库中的模块。一个模块被导入后，其中的变量就可以被导入者共享，从而实现代码和功能的重用。模块化的架构也使得 Python 程序逻辑层次清晰。

要获得对一个模块中变量、方法（函数）的访问权，第一步是导入模块。导入其他模块的语句有两条：import 和 from。

1. import 语句

import 是整体导入一个模块的方法。用 import 导入模块的语句格式有下面两种情况。

格式 1：

    import 模块名

格式 2：

    import 模块名 as 别名

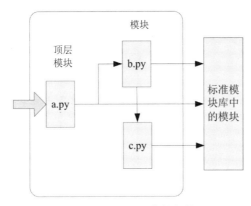

图 6-1　Python 程序的架构

　　根据命名约定，Python 的模块名一般是不含下划线的简短小写名字。当一个模块名字很长时，为方便使用，还可以为其用 as 取一个别名，应用中就以别名替代原来的模块名。模块实际上就是一个 Python 文件。导入模块时模块名后不需要加后缀.py，只要文件名部分即可。模块导入后，在本地获得了访问导入模块的命名空间的权力。比如，math 是 Python 自带的一个有多种数学函数的标准库模块，导入 math 模块，就可以使用模块中的 pi 变量、对数函数、三角函数等。导入随机函数库 random，就可以利用其中的 random 函数生成随机值。

```
>>> import math
>>> print (math.pi)
3.14159265359
>>> math.sin(0.5)
0.479425538604203
>>> import random
>>> random.random()
0.055694618077972935
>>> import random as rm
>>> rm.choice(range(10))
2
>>> random()

Traceback (most recent call last):
    File "<pyshell#18>", line 1, in <module>
        random()
NameError: name 'random' is not defined
```

import 导入模块后，使用模块中的变量和方法要用圆点运算符，形式和前面使用内置数据类型的方法类似。

　　　　模块名或别名.变量名

　　对于用 import 导入的模块，引用时变量前面一定要加模块名或别名，如果没有使用模块名，就会触发 NameError 异常。如上面最后一个例子的情况。因为 import 导入时模块形成了自己的命名空间，每一个变量名前都以模块名为前缀。

　　2. from 语句

　　from 是导入模块的另一种方法。from 语句的格式也有下面两种。

格式 1：

　　from 模块名 import 变量名表

格式 2：

　　from 模块名 import *

from 语句导入模块实际上是形成模块变量的一个副本，将 import 后指定的变量名复制到本地作用域，这样就可以在本地直接使用模块中的变量名而不必附加模块名了。用 from 语句导入时可以选择模块的部分变量导入，变量名表就是由逗号分开的要导入的多个变量。如果要复制模块中的所有变量名，则可以使用第二种格式。

```
>>> from random import random, choice     #导入 random 模块中的 random 和 choice 函数
>>> choice(range(10))                     #使用其中的 choice 函数
2
>>> from math import pi, sin              #导入 math 中的变量 pi 和 sin 函数
>>> sin(pi/2)
1.0
```

可见，用 from 导入模块的好处是简洁。但是这样的简化引用方式有时也会带来一些问题，因为它等于隐藏了变量的来源，把别的模块中的变量作为本地变量来使用。当本地变量正巧和导入模块中的变量同名时，最后出现的变量就会悄悄地覆盖掉先前的变量，程序员不注意的话就会造成错误。这是用 from 语句导入模块要注意的一个问题，尤其是用 from module import * 导入模块的全部变量，如果不清楚该模块具体包含哪些变量时就会加重这种危险。如果具体指出导入的变量名表，出现覆盖的可能性会小些。而用 import 语句导入模块就不会有这个问题。

另一个特别需要注意的是，导入模块语句相当于隐性赋值语句，这和赋值语句对变量的修改是类似的，因此有可能影响导入模块内的对象。import 是整体导入，而 from 是生成模块的拷贝，两种导入将对其中的变量有不同的效果。来看一个例子，假设建立了一个 test.py 文件，在该文件中定义了两个变量：

```
x=1
y=['a', 'b', 'c']
```

x 属于不可变类型的数值变量，y 为可变类型的列表。接着我们再建立一个文件，并且导入 test.py 模块。请大家对比利用 import 和 from 两种方式导入模块，对 x 和 y 修改后，原来模块 test 中 x 和 y 的值变化与否。

```
import test              #整体导入，引用变量时前面要加模块名
test.x=3
test.y[0]= 'z'

from test import x,y     #from 导入 test 中的 x 和 y，形成 x 和 y 的副本
x=3
y[0]= 'z'
```

第一种情况用 import 导入，对 test 模块中的 x 重新赋值，并修改了 y 列表的第 0 个元素，因此 test 中的 x 和 y 都发生了改变；第二种情况用 from 导入，相当于生成了 x 和 y 的副本，对副本数值变量 x 修改不会改变 test 模块中的 x，但由于 y 是可变类型的列表，导入后生成它的副本 y'，即相当于做了 y'=y 赋值，这样 y'和 y 都指向列表，修改 y'时，模块中的 y 也被修改了。

import 整体导入一个模块，用模块名.变量名的方式引用其中的变量，在导入者中可对变

量进行直接修改，无论是可变还是不可变类型的变量。from 生成了导入模块变量的拷贝，因此，对不可变类型的变量而言，不会影响到原始的数值，对可变变量而言，拷贝的变量也是指向同一个位置，因此对拷贝变量的修改也将影响到原始变量。这些是用 import 和 from 导入模块的不同之处，要格外注意。

经过上面的对比可见，import 和 from 导入模块各有特点，关于用哪种方式导入模块更好并没有定论，一般性的建议是：用 import 导入简单模块，用 from 导入模块时尽量明确列出想要的变量名，这样不会和本地变量冲突。还有一点，无论是哪种导入方式，模块只能一次导入，也就是说，即使用 import 多次导入一个模块，也不会重新执行模块的代码，一些初始化的操作只能在导入时执行一次。最后要注意的一点是，整体导入模块的开销是比较大的。

6.2　标准库模块

Python 自带了 200 多个标准库模块，为用户的开发工作提供了极大的便利。这些模块包括正则表达式、网络浏览器和 CGI、电子邮件、数据库等功能丰富的工具。模块在运行 Python 的绝大多数平台上都可以执行。这里介绍几个常用标准库模块的使用，更多的模块说明在 Python 的标准库参考手册中。

6.2.1　sys

系统模块 sys 提供了和 Python 解释器有关的一些变量和函数，模块中常用的函数（方法）如表 6-1 所示。

表 6-1　sys 模块的主要函数/变量及说明

函数/变量	说明
argv	命令行参数列表，包括脚本文件名
exit([arg])	退出当前程序，可选参数 arg 为返回的值或错误信息
path()	查看模块的路径
stdin()	标准输入流
stdout()	标准输出流
stderr()	标准错误流

利用 sys 模块中的命令行参数 argv 可以获取用户在命令行窗口或 shell 中运行 Python 脚本时给出的参数列表。argv 是个列表类型，列表的第一个元素 argv[0] 是脚本文件名，从 argv[1:] 开始才是脚本文件后面跟随的参数部分。例如，在命令行窗口中键入如下的运行命令：

```
C:\python35\python demo.py one two three
```
导入 sys 模块，读取 sys 模块中的 argv 即可获取命令行参数的内容。
```
>>> import sys
>>> print (sys.argv)
['demo.py', 'one', 'two', 'three']
```
模块中的 path 函数用于显示当前模块的搜索路径，以帮助放置和检索模块。标准输入 stdin

和输出函数 stdout 提供了系统和用户数据的交换方式。标准输入和输出在文件部分已有一些讨论，比如通过修改标准输出，将 print 输出的内容写到文件中，这里不再赘述。stderr 是标准错误流的输出。

6.2.2 os

在程序中经常要操作文件和目录，os 模块提供了很多和操作系统的接口功能。表 6-2 中列出了 os 模块中常用的几个函数/变量及说明。

表 6-2 os 模块的主要函数/变量及说明

函数/变量	说明	
getcwd()	返回当前工作目录	
chdir('directory')	改变当前工作路径为 directory	
system('command')	运行系统命令 command	
chmod()	改变文件属性	
os.path	目录管理模块，由若干子模块构成，主要有：	os.path.isfile()：检查是否为一个文件
		os.path.isdir()：检查是否为一个目录
		os.path.exists()：检查路径是否存在
		os.path.splitext()：分离扩展名
		os.path.split()：返回路径的目录名和文件名
		os.path.dirname()：获得路径名
		os.path.basename()：获得文件名
		os.path.getsize()：获得文件大小
		os.path.join(path,name)：获得文件的完整路径
listdir('directory')	返回指定目录 directory 下的文件和目录名列表，不包括.和..	
rename(old, new)	重命名	
mkdir(path)	创建一个目录	
rmdir(path)	删除一个目录	
remove(filename)	删除一个文件	
os.walk(path)	遍历一个目录，返回由根目录、目录和文件名构成的三元组	

程序中经常涉及文件和目录的操作。os 模块中的 path 是管理目录的模块，包含很多函数，使用 os.path 要同时加载 os 模块。下面这段程序是用 os 模块进行文件和目录操作的实例，读者可以根据需要将每个选项对应的功能独立出来在自己的程序中模仿使用。本段程序中，主程序设计了 7 个用户选项，用户选择不同的选项可以输出当前路径下的文件、改变路径、统计路径下的文件数目和总的文件大小以及查找指定文件等操作。

```
import os, os.path
```

```python
QUIT = '7'

COMMANDS = ('1', '2', '3', '4', '5', '6', '7')

MENU = """1    List the current directory      # 操作选项说明文字
2    Move up
3    Move down
4    Number of files in the directory
5    Size of the directory in bytes
6    Search for a file name
7    Quit the program"""

def main():
    while True:
        print (os.getcwd() )                    #打印当前工作路径
        print (MENU)
        command = acceptCommand()               #接受命令输入的函数
        runCommand(command)                     #执行用户选择的编号对应的操作
        if command == QUIT:
            print ("Have a nice day!")
            break

def acceptCommand():
    """接受命令输入，返回合法命令编号."""
            #调用 acceptCommand.doc 时就能显示该文本，相当于为__doc__方法赋值
    while True:
        command = input("Enter a number: ")
        if not command in COMMANDS:
            print ("Error: command not recognized")
        else:
            return command

def runCommand(command):
    """执行各编号的命令."""
    if command == '1':
        listCurrentDir(os.getcwd())             #显示当前工作路径
    elif command == '2':
        moveUp()                                #到工作目录的上级目录
    elif command == '3':
        moveDown(os.getcwd())                   #到工作目录的下级指定目录
    elif command == '4':                        #统计当前目录下的文件数目
        print ("The total number of files is", \
                countFiles(os.getcwd()))
    elif command == '5':                        #统计当前目录下所有文件的字节数
        print( "The total number of bytes is", \
                countBytes(os.getcwd()))
```

```
        elif command == '6':                         #在当前路径及子目录下查找文件
            target =input("Enter the search string: ")
            fileList = findFiles(target, os.getcwd())
            if not fileList:
                print ("String not found")
            else:
                for f in fileList:
                    print (f)


def listCurrentDir(dirName):
    """打印当前路径下的文件名. """
    lyst = os.listdir(dirName)
    for element in lyst:
        print (element)


def moveUp():
    """到上一级目录. """
    os.chdir("..")


def moveDown(currentDir):
    """到下一级指定目录. """
    newDir = input("Enter the directory name: ")
    if os.path.exists(currentDir + os.sep + newDir) and \
        os.path.isdir(newDir):
            os.chdir(newDir)
    else:
        print ("ERROR: no such name.")


def countFiles(path):
    """统计当前路径和子目录下的所含文件数目. """
    count = 0
    lyst = os.listdir(path)
    for element in lyst:
        if os.path.isfile(element):
            count += 1
        else:
            os.chdir(element)
            count += countFiles(os.getcwd())
            os.chdir("..")
    return count


def countBytes(path):
    """返回当前路径和子目录下的文件总字节数"""
    count = 0
    lyst = os.listdir(path)
    for element in lyst:
```

```
                if os.path.isfile(element):
                    count += os.path.getsize(element)
                else:
                    os.chdir(element)
                    count += countBytes(os.getcwd())
                    os.chdir("..")
        return count

    def findFiles(target, path):
        """在当前路径及子目录下查找指定文件"""
        files = []
        lyst = os.listdir(path)
        for element in lyst:
            if os.path.isfile(element):
                if target in element:
                    files.append(path + os.sep + element)
            else:
                os.chdir(element)
                files.extend(findFiles(target, os.getcwd()))
                os.chdir("..")
        return files

    main()
```

6.2.3 fileinput

fileinput 模块提供了遍历文本文件的方法，常用的方法列在表 6-3 中。

表 6-3 fileinput 模块的主要函数及说明

函数	说明
input([files])	遍历文件
filename()	返回当前文件名
lineno()	返回当前（累计的）行数，每一个文件开头处行数为 1
filelineno()	返回当前文件的行数，每一个新文件都从 1 开始
isfirstline()	是否是文件的第一行，是，返回 True，否则返回 False
nextfile()	关闭当前文件，跳到下一个文件
close()	关闭文件列表

其中，fileinput.input() 返回可以用于 for 循环结构中的迭代对象，实现用 for 循环遍历文件。具体代码形如：

```
    for line in fileinput.input():
        line=line.rstrip()          #按行处理文件的语句
        …

        fileinput.close()
```

6.2.4 random

random 模块在前面章节中已经多次使用了，称为随机值模块。random 用于模拟产生随机数。其中常用的函数及说明如表 6-4 所示。

表 6-4   random 模块主要函数

函数	说明
random()	返回 0~1 之间的随机数 n，0≤n<1
uniform(a,b)	返回 a、b 之间平均分布的一个随机值 n，a≤n<b
randint(a,b)	返回 a、b 之间的一个随机整数 n，整数的范围 a≤n≤b
randrange([start], stop [,step])	返回起始值到终止值之间的、步长为 step 的随机数
choice(seq)	返回序列 seq 中的任何一个值
shuffle(seq [,random])	将 seq 原地随机移位
sample(seq, n)	从序列 seq 中选择 n 个随机且独立的元素

下面是使用 random 模块的几个例子，熟悉一下模块中几个常用函数的用法。

```
>>> import random
>>> random.choice(['apple', 'pear', 'banana'])
'apple'
>>> random.sample(range(100), 10)          #取 100 之内的 10 个随机整数值
[86, 7, 14, 16, 94, 32, 77, 50, 70, 4]
>>> random.random()                        #返回 0~1 之间（不含 1）的随机值
0.17970987693706186
>>>random.randint(1,10)                    #返回 1~10 之间（含 10）的随机整数值
8
>>> random.randrange(6)                    #返回 range(6)范围内的一个随机值
4
>>> random.sample(range(1,36),7)           #模拟六合彩，35 中取 7
  [16, 5, 27, 4, 8, 34, 6]
>>> data= list(range(0,10))
>>> random.shuffle(data)                   #数据乱序
>>> data
[7, 0, 4, 1, 2, 5, 3, 6, 8, 9]
```

6.2.5   re

正则表达式模块 re 用于强大而灵活的文本检索和提取任务。正则表达式是很多语言都支持的通用匹配算法，利用正则表达式可以定义各种复杂的匹配模式（pattern），利用模式从字符串中提取需要的内容。正则表达式模块是文本信息处理的重要工具，在网页处理、语料加工等多项工作中广泛使用。在介绍 re 模块的使用前，先了解一些正则表达式的基础知识。

1．正则语法

正则语法是构成正则表达式的语法规范，涉及如何构建匹配模式。

（1）通配符。

模式可以看作是要提取内容的模板。模板中可以是具体已知的字符串，也可以是模式字符、通配符等。通配符常用的有：*、?、+和圆点"."四个。通配符*表示其前面的内容匹配0次或任意多次，?表示前面的内容匹配0次或1次，+表示前面的内容匹配1次或多次，圆点"."可以代表除换行符以外的任意一个字符。通配符提供了宽松的匹配模式。例如：

- 'c.t' 可匹配的内容有：<u>cat</u>，<u>cut</u>，<u>category</u>，但不匹配 select，cheat。
- 'do+g' 可匹配的内容有：<u>dog</u>，<u>doogie</u>，但不匹配 Dog，bagdg'。
- 'car*t' 可匹配的内容有：<u>carted</u>，<u>cat</u>，<u>carrt</u>，但不匹配 date，cause。
- 'car?t' 可匹配的内容有：<u>carted</u>，<u>cat</u>，但不匹配 carrt，cars。

（2）元字符和转义。

模式中有些字符如上面的*、?、+和圆点"."，都是具有特殊含义的字符，被称为元字符。元字符在模式中一般不与自身匹配。但一些情况下需要匹配元字符，即和自身匹配，要在元字符前用\转义，形如*、\?、\.。当然\自己也是有特殊含义的，匹配\自身也需要转义\\。除了上面的几个，其他元字符还有：^、-、$、( )、\、|、@、[ ]、{ }等，用在模式中都需要转义。

（3）字符集。

字符集也称为字符类，是用[ ]括起所有字符的可能选择。例如：

- [abcd]：表示 abcd 字母中的任意一个字母。
- [a-z]：表示是一个英文小写字母。
- [0-9]：表示 0～9 十个数字之一。
- [A-Za-z0-9]：全部英文字母和数字符号中的任意一个。

如果表示相反的情况，可以在字符最前面使用^，表示除了后面这些字符外。例如：

- [^abc]：表示除 a、b、c 之外的任意一个字符。
- [^0-9]：会匹配任意一个非数字字符。

注意[ ]内所有字符都失去其特殊含义，包括元字符也没有特殊性。比如[(+*)]，仅仅表示普通的符号+、*和()，不再有特殊的作用。

常用字符类也有些简写或等价的表示形式，使用等价形式可使模式的意义更明确。常用的字符类有：

- \d：表示数字，和[0-9]等价。
- \w：表示字符类，同[a-zA-Z0-9]，等价于字母、数字和下划线。
- \s：表示单个空格。
- \D：表示非数字字符，和[^\d]等价。
- \W：表示非字符类，等价于[^\w]。
- \S：表示非空格，同[^\s]。

（4）选择符和分组。

如果要在模式中表示"或者"的关系，可用|分隔有"或"关系的各部分。匹配时将从左至右地匹配各个部分，只要匹配任意一个部分就算成功匹配。例如'I and|or you'将匹配 I and you 和 I or you 之一。

分组是用()括起的子模式。比如，要匹配'frog|bog|fog|clog'，用"或"关系表示有些啰嗦，我们就可以提取公共的部分，用分组的形式将模式简写为：'(fr|b|f|cl)og'，效果和

'frog|bog|fog|clog'等价。

模式中可以包括多个分组，分组之间也可以有重叠。对于分组匹配的结果，系统将分别存储，以便提取。为了管理分组，给分组进行了编号。分组的序号根据分组括号的出现顺序从左至右编排，组 0 表示整个模式，组 1 表示第一个分组，依此类推。在 Python 中还可以用(?P<name>)的语法给分组命名，这样就可以用更明确的名称来反映匹配组的含义。例如匹配一个分组模式：

  'The (list) includes ((name), (addr),(job))'

模式中的组号和匹配内容如下：

  组号 内容
  0   The (list) includes ((name), (addr), (job))
  1   list
  2   (name), (addr),(job)
  3   name
  4   addr
  5   job

（5）指定次数的匹配。

模式中还可以指定匹配的次数。指定匹配次数的方法是在模式后用{n,m}给出，表示前面的内容重复匹配 n-m 次。如：

- 'x{5,10}'：表示 x 至少出现 5 次，但不多于 10 次。
- 'x{3,}'：表示 x 至少出现 3 次，或者更多次。
- 'x{0,2}'：表示 x 至多出现 2 次，也可能不出现。
- 'x{3}'：表示 x 正好出现 3 次，不能多也不能少。

（6）位置锚点。

如果没有说明匹配的位置，模式匹配都是针对全部字符串进行匹配。如果只想从字符串的开头或结尾位置开始匹配，就可以通过位置锚点指定匹配的起始点。位置锚点主要有两个：

- ^：表示字符串的开头，例如'^http'模式将匹配'http://python'，但不会匹配'www.http:'。
- $：表示字符串的结尾，例如'rock$'模式将匹配'trock'，但不会匹配'rocks'。

因此，一个不包含具体字符的空行（可以有若干空格）可以用^\s*$模式匹配。位置锚点^注意和字符集的取反操作区分，字符集的取反操作中^位于[]内。

（7）反向引用。

如果需要再次匹配先前已经匹配的组的内容，可以使用&n 的形式反向引用匹配内容，n 为整数，表示匹配的组号。例如([Pp])ython&1ails 将匹配 python&pails 或 Python&Pails。

对于在模式中用(?P<>)命名的组用在反引用时可还以用(?P=name)形式。例如(?P<first_name>\w+) (?P<last_name>\w+) 可以直接给用(?P =first_name)形式引用匹配的第一个组的 \w+。

（8）贪婪匹配。

模式匹配通常按照从左至右的顺序在指定内容中匹配，如果匹配成功则返回匹配对象。但是模式匹配中的.、*和?默认都是十分"贪婪"的匹配，也就是这些通配符会匹配尽量多的内容。.+和 .*也是十分"贪婪"，表示任意多个字符，因此返回的结果可能并不是我们所需要的，比如想提取的是下面字符串中<BOLD>和</BOLD>标识之间的内容。

I thought you said Fred and <BOLD> Velma </BOLD>, not <BOLD> Wilma</BOLD>.

如果使用模式<BOLD>(.*)</BOLD>，返回的匹配结果将是：

Velma </BOLD>, not <BOLD> Wilma

这是因为.*这种模式太"贪婪"了，返回了第一个<BOLD>和最后一个</BOLD>之间的所有内容。如果想让匹配不那么贪婪，可以在这种匹配模式后加?。?的含义是尽量少的匹配。所以，上面的提取任务用下面这种非贪婪模式就可以实现。

<BOLD>(.*)?</BOLD>

其他非贪婪匹配模式还有.?、.*? 和??。

2．re 模块的函数

下面介绍正则模块 re 的功能。re 中的函数很多，先通过表 6-5 来认识模块中的几个重要的函数。

表 6-5　re 模块的主要函数及说明

函数	说明
compile(pattern[,flag])	创建模式对象
search(pattern,string, [,flag])	在 string 中寻找模式 pattern
match(pattern,string [,flag])	从 string 开头寻找模式 pattern
findall(pattern,string)	列出 string 中的所有 pattern 匹配项
sub(pattern,replace,string[,count=0])	将 string 中的所有 pattern 匹配项用 replace 替换
escape(string)	将 string 中的所有特殊字符转义
split(pattern,string[,maxsplit=0])	用模式匹配项 pattern 分隔字符串 string，默认 maxsplit 为 0，若不为 0，则以 maxsplit 数分隔

compile 函数用于将某个模式编译成一个模式对象并保留下来，以便在以后多次重复的模式匹配中更高效地进行匹配。因为每次模式匹配都要对模式进行编译，用 compile 编译一个模式后，就可以在后续匹配中避免重复编译工作，大大提高了匹配效率。

模块中的 search 函数可以在指定的字符串中检索匹配模式的结果并返回一个匹配对象 MatchObject。如果模式没有匹配上则返回 None。match 函数也是进行模式匹配操作的主要函数，但注意 match 是从指定字符串的开头进行模式匹配，返回值和 search 函数类似，也是返回匹配对象或者 None。实际应用中，search 和 match 函数常构成获取匹配对象的条件表达式，有返回值时再提取匹配对象中匹配的内容。search 和 match 都是一次匹配。如果要获得全部匹配结果，则可以用 findall 函数，findall 将所有匹配的内容以列表的形式返回。如果同时要进行模式匹配和替换操作，则使用 sub 函数。sub 的格式是：

sub(模式,替换内容,字符串[,替换次数=0])。

下面是几个正则模块应用的例子。

```
>>> import re
>>> telephone=re.compile(r'0\d{2,3}-\d{6,8}')          #编译匹配模式
>>> telephone.search('010-88336685')
<_sre.SRE_Match object at 0x000000000276E850>          #返回匹配对象
>>> word = 'supercalifragilisticexpialidocious'
```

```
>>> re.findall(r'[aeiou]', word)
['u', 'e', 'a', 'i', 'a', 'i', 'i', 'i', 'e', 'i', 'a', 'i', 'o', 'i', 'o', 'u']    #返回匹配内容的列表
>>> len(re.findall(r'[aeiou]', word))
16
>>> print (re.match(r'f[a-z]*', 'which foot or hand fell fastest') )    #无匹配内容
None
>>> re.split('\W+', 'Words, words, words.')    #以非字母分隔
['Words', 'words', 'words', '']
>>> re.split('(\W+)', 'Words, words, words.')    #以非字母分组分隔
['Words', ', ', 'words', ', ', 'words', '.', '']
>>> re.split('\W+', 'Words, words, words.', 1)    #以非字母分隔，最多分隔数不为 0
['Words', 'words, words.']
>>> re.split('[a-f]+', '0a3B9', flags=re.IGNORECASE)
['0', '3', '9']
>>> text = "He was carefully disguised but captured quickly by police."
>>> re.findall(r"\w+ly", text)
['carefully', 'quickly']
>>> re.sub(r'(\b[a-z]+) \1', r'\1', 'cat in the the hat')    #匹配和替换操作
'cat in the hat'
>>> 'tea for too'.replace('too', 'two')
'tea for two'
```

从例中可以看出，如果匹配成功，search 和 match 函数都将返回匹配对象 Match object，不是匹配的内容。如果要获得匹配内容，要利用针对匹配对象的有关方法。使用模式对象的方法还是用圆点操作符：matchobject.method。下面介绍匹配对象内置的各种方法。

3. 匹配对象的方法

re 模块中运用模式匹配方法，当匹配成功时就返回一个匹配对象，然后再利用匹配对象的内置方法获取匹配的内容。如果模式中含有分组，还可以分别获取分组的内容，没有分组时group(0)将返回包含匹配内容的字符串。常用匹配对象的方法如表 6-6 所示。

表 6-6   匹配对象的内置方法及说明

匹配对象的方法	说明
group([group1,...))	获得指定组的匹配内容，group1 等为组号
groups()	缺省参数将获得全部匹配组的内容，返回一个元组
start([group])	返回指定组 group 匹配内容的开始位置
end([group])	返回指定组 group 匹配内容的结束位置
span([group])	返回指定组 group 匹配内容的开始和结束位置

下面是一个应用匹配对象方法的例子：我们要截取一个网址 www.后和 3 位域名地址之间的内容，模式中定义了一个分组，也就是要获得的内容。利用匹配对象的方法得到匹配组的内容、起止位置等信息。

```
>>> import re
>>> m=re.match(r'www\.(.*)\..{3}', 'www.python.org')
>>> m.groups()    #以元组的形式返回所有匹配组
```

```
('python',)
>>> m.group(0)                #返回包含匹配内容的字符串
'www.python.org'
>>> m.group(1)                #第 1 个匹配组
python
>>> m.start(1)                #第 1 个匹配组的开始位置
4
>>> m.end(1)                  #第 1 个匹配组的结束位置
10
>>> m.span(1)                 #第 1 个匹配组的开始和结束位置
(4,10)
```

对分组命名更能反映匹配内容的含义。下面是对模式中的分组命名后的应用例子。

```
>>> m = re.match(r"(?P<first_name>\w+) (?P<last_name>\w+)", "Malcolm Reynolds")
>>> m.group('first_name')     #用组名引用组，意义明确
'Malcolm'
>>> m.group('last_name')
'Reynolds'
```

再一个例子稍微复杂一些，将匹配内容再进行切片和组合。

```
>>> email = "tony@tiremove_thisger.net"
>>> m = re.search("remove_this", email)
>>> email[:m.start()] + email[m.end():]
'tony@tiger.net'
```

在字符串一节曾介绍过一个字符串的方法 title()，可以将字符串每一个单词的首字母大写，变成文章标题的样式。这个方法当遇到英文的缩略形式撇号时会有问题，会把撇号当作单词分界而错误地转换后面的字母，例如：

```
>>> "they're bill's friends from the United State".title()
"They'Re Bill'S Friends From The United State "
```

这里我们使用正则表达式和 lambda 函数为撇号构造一种变通方法。首先定义一个函数 titlecase，对传入字符串进行 title 处理，也就是替换单词的首字母，但是不对'后面的内容大写。替换的模式是：[A-Za-z]+('[A-Za-z]+)?，即至少一个由字母构成的单词，后面有'或其他字母的。为便于分别处理，我们要将第一个字母后面的作为一个组，替换是将第一个字母变为大写，组内的部分变为小写。然后用连接符连接两部分，连接工作由 lambda 函数完成。titlecase 函数的定义如下：

```
>>> import re
>>> def titlecase(s):
        return re.sub(r"[a-zA-Z]+('[A-Za-z]+)?",
                lambda mo:mo.group(0)[0].upper()+
                mo.group(0)[1:].lower(), s)
```

以下是测试结果：

```
>>> titlecase("they're bill's friends from the United States".)
"They're Bill's Friends From The United States"
```

模式匹配的应用例子还有很多。用模式匹配提取有意义的内容也涉及一些模式定义的小技巧，上述这几个例子希望能为大家学习使用 re 模式给予一些启示。

4. 模式修饰符

模式函数 compile、search 和 match 中都有可选参数 flag，flag 又称模式修饰符，用来控制匹配时的一些特殊属性。修饰符有多个。在这些方法中可以同时使用多个修饰符，多个修饰符之间用|连接。常用修饰符及作用描述如表 6-7 所示。

表 6-7　模式修饰符

修饰符	描述
re.I	匹配时忽略大小写的区别
re.L	根据当前的特殊字符集环境匹配。将影响\w、\W、\b、\B、\s 和\S 字符类的匹配结果
re.M	多行匹配，即能跨行匹配
re.S	圆点 "." 能够匹配包括换行符在内的任何字符
re.U	匹配 Unicode 字符集。将影响\w、\W、\b、\B、\s 和\S 字符类的匹配结果
re.X	使用这个标志后，正则式中除了方括号内的和被反斜杠转义的以外的所有空白字符，都将被忽略，而且每行中，正常#后的所有字符也被忽略，即可以在正则式内部加入注释

经常用的修饰符是 re.I 和 re.M。通过下面的例子理解一下修饰符对匹配结果的影响。

```
>>> import re
>>> line = "Cats ARE smarter than dogs"
>>> matchObj = re.match( r'(.*) are (.*?) .*', line, re.M|re.I)
>>> if matchObj:
        print ("matchObj.group() : ", matchObj.group())
        print ("matchObj.group(1) : ", matchObj.group(1))
        print ("matchObj.group(2) : ", matchObj.group(2))
    else:
        print ("No match!!")

>>> matchObj.group() : Cats ARE smarter than dogs
>>> matchObj.group(1) : Cats
>>> matchObj.group(2) : smarter
```

6.2.6　getopt

运行 Python 程序有时需要用户指定程序的一些参数和选项，针对用户的参数执行不同的功能，这样的程序通用性更强。getopt 模块用来获取和解析程序运行时的脚本命令行参数。脚本命令行参数是指在命令行窗口或 UNIX 的 shell 中运行脚本时传入的参数。形如：

```
mytest.py –h -o t --help –output=file1 file2
```

脚本命令行参数包括两部分内容，第一部分为脚本文件名，第二部分为选项。选项部分又分短选项和长选项两种格式。短选项格式为 "-" 加上单个字母的选项，如-h 和-o；长选项为 "--" 加上一个单词的形式，如--help 和--output。选项的写法有格式要求。对于短格式，"-"号后面要紧跟一个选项字母。如果还有此选项的附加参数，则以空格分开，也可以不分开，长度任意，还可以用引号将附加内容括起来。如例子中的-o t 就是正确的格式。对于选项的长格式，"--"号后面要跟一个单词。如果还有选项的附加参数，后面要紧跟 "="，再加上参数。"="

号前后不能有空格，如--output =file1 是不正确的格式。

getopt 模块很好地实现了对这两种格式参数的支持，而且使用简单。模块的主要函数是 getopt()函数。用 getopt 模块分析命令行参数大体上分为以下三个步骤：

（1）导入 getopt 和 sys 模块。

```
import  getopt, sys
```

（2）获取命令行参数。

获取命令行参数用 sys 模块的 argv 变量，得到命令行参数的列表对象，注意 argv 列表中的第一个元素 argv[0]为脚本文件名，一般不用。从 argv[1:]开始才是参数部分。在上面那个例子中得到的 sys.argv 为这样一个列表：

```
['mytest.py', '-h','-o', 't', '--help', '--output=file1', 'file2']
```

所有命令行参数以空格为分隔符，形成 sys.argv 列表的每一项。

（3）解析参数。

解析参数用模块中的 getopt 函数。为防止用户输入脚本参数出现的错误，我们可以把命令行解析过程包含在一个异常处理中，这样当分析出错时，就可以打印出使用信息来通知用户如何使用这个程序。下面是手册中给出的使用实例：

```
try:
    opts, args = getopt.getopt(sys.argv[1:], "ho:", ["help", "output="])
except getopt.GetoptError:
    # print help information and exit:
```

将 sys.argv[1:]作为 getopt 函数的第一个参数，这是传入的所有的命令行参数，因为不包括脚本文件的名字，所以不能是 argv 列表的全部。第二个参数为短格式分析串，"ho:"对应选项-h 和-o，当一个选项后面不带附加参数时，如-h，这种选项也称为开关项，直接在分析串中写该选项的字符即可。当选项后面带一个附加参数时，如-o 选项后面还有一个附加参数 t，在分析串中写入选项字符的同时后面要再加一个 "："号。所以"ho:"就表示"h"是一个开关选项；"o:"则表示后面应该带一个参数。长格式分析串为一个列表的形式，如["help", "output="]。长格式串中的开关项，即后面不跟 "=" 号的项，直接写入长项的单词。如果后面跟一个等号则表示后面还应有一个参数。例子中长格式列表中，表示"help"是一个开关选项；"output="则表示 output 后面还有一个参数。

调用 getopt 函数将返回两个列表，例子中将其分别赋值给 opts 和 args。opts 为分析出的格式信息。args 为不属于格式信息的剩余的命令行参数。opts 是一个由两个元素构成的元组的列表。每个元素为：(选项串,附加参数)，如果没有附加参数则为空串。本例中，分析完成后，opts 应该是：

```
[('-h', ''), ('-o', 't'), ('--help', ''), ('--output', 'file1')]
```

而 args 的其他参数，在本例中是['file2']。

命令行参数利用 getopt()解析出来后，下一步就是对分析出的参数进行判断是否存在及针对参数的相应的处理代码了。

6.2.7 time

从 time 模块可以获得当前时间日期、操作时间日期以及对从字符串中读取的时间日期进行格式化等操作。先介绍 Python 中的日期时间元组，时间元组包括（年，月，日，时，分，秒，周，儒历日，夏令时）8 项内容。其中儒历日表示从 1 月 1 日到某个日期经过的天数，数字范围为 1～366，夏令时的值为布尔值：真或假。

time 模块的主要方法如表 6-8 所示。

表 6-8 time 模块的主要函数及描述

函数	描述
localtime([secs])	当前日期时间的元组，或将时间戳转换为日期时间元组
timc()	当前时间戳（从新纪元开始计算的秒数）
sleep(secs)	休眠 secs 秒
strftime(format[, tuple])	将时间元组转换为指定格式的字符串
asctime ([tuple])	将时间元组转换为字符串
mktime(tuple)	将时间元组转换为本地时间戳

在 strftime() 中一些常用的格式参数如下：

- %m：表示月份（01～12）。
- %d：表示日期（01～31）。
- %Y（大写）：表示 4 位数的年份。
- %y（小写）：表示 2 位数的年份。
- %X（大写）：表示时间字符串，形式：时:分:秒。
- %x（小写）：表示日期字符串，形式：月/日/年。
- %H：表示小时（00～23）。
- %M：表示分钟（00～59）。
- %S：表示秒（00～59）。
- %a：表示星期的简写，如 Mon。
- %A：表示星期的全写。
- %b：表示月份的简写，如 Apr。
- %B：表示月份的全写。

```
>>> import time
>>> time.localtime()
time.struct_time(tm_year=2018,tm_mon=7,tm_mday=19,tm_hour=22,tm_min=7,tm_sec=3,tm_wday=3,tm_yday=200,tm_isdst=0)
>>> time.time()
1462503347.551
>>> time.strftime("%Y-%m-%d %x",time.localtime())
'2018-07-19 07/19/18'
>>> time.strftime("%Y-%m-%d %X")
'2018-07-19 22:08:21'
>>> time.asctime()
'Thu Jul 19 22:08:45 2018'
>>> time.strftime("%Y-%m-%d %a",time.localtime())
  '2018-07-19 Thu'
```

6.3　第三方模块库

不仅 Python 中自带模块功能丰富，第三方贡献的开源模块更是不断涌现，比如目前流行的科学计算和研究中实现高效数据计算的 Numpy[1]、Scipy[2]、专业绘图模块 Matplotlib[3]、具有强大数据分析功能的 Pandas[4]模块、用于数据可视化的 Seaborn[5]、用于机器学习的 Scikit-learn[6]、用于游戏设计的 Pygame 模块等。这些模块都是开源的，用户可以方便地下载使用这些模块来提高开发设计任务的效率。另外 Python 官网也提供了第三方模块库的索引，地址是 https://pypi.python.org/pypi。

在 Windows 环境下安装 Python 模块的方法通常使用 pip install 命令。运行 pip 命令需要下载 getpip 程序。命令格式为：pip install 模块名。如果要更新一个已安装的模块，可以加上-U 参数，形如：pip install -U 模块名。

在 Linux 环境下，安装模块的命令是：

  sudo apt-get install 模块名

安装模块后在 Python 的 IDLE 中用 import 命令就可以测试，成功安装导入模块不会有错误提示。如果模块本身带有测试程序 test，也可以在命令行中用以下命令测试：

  Python -c " import module; module.test()"

下面介绍几个第三方模块库的应用，包括绘图模块 Turtle、数据计算模块 Numpy、脚本转换为可执行代码的 Pyinstaller 模块、汉语分词工具 Jieba 和词云 WordCloud 等。

6.3.1　绘图模块 Turtle

Turtle graphics 是一个有趣而简单的绘图模块。Turtle 作为 Python 的一个内置模块，不需安装即可直接导入。下面介绍用 Turtle 绘图的基本知识，包括画布设置、画笔设置和画笔运动方法等。

1．画布设置

画布（canvas）是绘图的区域。整个屏幕可以看作是一个坐标系，左下角为坐标原点，水平方向为 x 轴，垂直方向为 y 轴。

（1）设置画布大小。

  turtle.screensize(canvwidth=None,canvheight=None,bg=None)

参数说明：canvwidth 为画布的宽，canvheight 为画布的高，均为正整数，单位为像素。bg 指背景颜色，可以用英文单词表示颜色，如 white、black、green、brown 等。例如：

  turtle.screensize(500,500,"blue")

---

[1] http://www.numpy.org/。

[2] http://www.scipy.org/。

[3] http://matplotlib.org。

[4] http://pandas.pydata.org。

[5] http://seaborn.pydata.org/。

[6] http://scikit-learn.org。

不带参数的命令用于重置画布的大小，默认画布尺寸是(400,300)。

```
>>> turtle.screensize()
(400, 300)
```

（2）设置主窗口的大小。

```
turtle.setup(width=0.5,height=0.75,startx=None,starty=None)
```

参数说明：width 和 height 表示绘图主窗口的宽度和高度，如果为整数时，表示像素数；如果为纯小数则表示占据计算机屏幕的比例，如 0.5 表示占屏幕的 50%。(startx,starty)表示矩形窗口左上角顶点的坐标，如果为空，则窗口位于屏幕中心。例如：

```
turtle.setup(width=0.6,height=0.6)
turtle.setup(width=800,height=800,startx=100,starty=100)
```

2. 绘图的主要方法

Turtle 中的函数主要有画笔控制、运动命令、状态检查等。

（1）画笔控制。

又分为绘图状态设置、颜色控制和填充等，常用的有以下几个：

① turtle.pensize(width=None)。设置画笔的宽度，单位为像素数，也可写作 width()。

② turtle.speed(speed)。设置画笔移动速度。画笔绘制的速度范围为[0,10]的整数，0 表示最快，其他情况数字越大表示运动速度越快。如果传入大于 10 或小于 0.5 的值，则速度设为 0。也可以传入速度字符串，如 fast、normal、slow 等。

③ turtle.pendown()。放下画笔，移动画笔时就开始绘制图形。pendown 也可简写为 pd 或 down。

④ turtle.penup()。提起画笔，画笔移动时不绘制图形。这个命令常用于另起一个地方绘图。penup 也可简写为 pu 或 up。

⑤ turtle.pencolor(colorstring)。设置画笔的颜色，传入参数可以是颜色字符串"yellow"、"red"、"violet"等，也可以是 RGB 值构成的三元组。没有参数传入时，该方法返回当前画笔的颜色。

⑥ turtle.fillcolor(colorstring)。返回或者设置图形的填充颜色。有参数传入时是设置填充色，无参数传入时返回当前的填充色。

⑦ turtle.color(color1, color2)。设置或返回画笔的颜色和填充色，第一个参数 color1 是画笔的颜色，第二个参数 color2 是填充的颜色。

⑧ turtle.begin_fill()。绘制填充图形之前调用的方法，意思是准备开始填充。

⑨ turtle.end_fill()。图形绘制后完成填充调用的方法，和 turtle.begin_fill()配合使用，表示填充结束。例如绘制一个填充圆形的步骤是：

```
>>> turtle.color('yellow','violet')
>>> turtle.begin_fill()
>>> turtle.circle(80)        # 绘制半径为 80 像素的圆
>>> turtle.end_fill()
```

⑩ turtle.filling()。检查填充状态，返回 True 或 False 分别表示已填充或未填充。

（2）运动命令。

运动命令主要包含移动和绘图命令、位置命令，共有以下 9 个命令：

① turtle.forward(distance)。沿着当前画笔方向移动 distance 距离，单位是像素。该命令也

可简写为 fd。

② turtle.backward(distance)。沿当前画笔的相反方向移动 distance 距离。该命令也可简写为 bk 或 back。

③ turtle.right(degree)。顺时针转动画笔一个角度，参数 degree 为角度值。该命令也可简写为 rt。

④ turtle.left(degree)。逆时针转动画笔 degree 度。也可简写为 lt。

⑤ turtle.goto(x,y)。将画笔移动到坐标为(x,y)的位置。等价于 turtle.setpos()方法。

⑥ turtle.setx(x)。设置点的横坐标位置，纵坐标位置保持不变。

⑦ turtle.sety(y)。设置点的纵坐标位置，横坐标位置保持不变。

⑧ turtle.circle(radius, extent=None, steps=None)。画圆命令。半径 radius 为正（负）数表示逆时针（顺时针）画圆。extent 为一个角度值，用来决定绘制圆的哪一部分。steps 为步长。例如：

```
>>> turtle.circle(50)
>>> turtle.circle(-100,180)            #画半圆
```

⑨ turtle.dot(size=None, *color)。画点命令。size 为点的半径，要求为不小于 1 的整数，color 为点的颜色。

（3）状态检查。

① turtle.position()。返回画笔当前的位置坐标(x,y)。该命令也可简写为 pos。初始时画笔停在画布中央，这个点的坐标为(0,0)。

② turtle.heading()。返回画笔当前的朝向角度。对应的是用 turtle.setheading(degree)来设置画笔朝向。turtle.setheading 函数也可简写为 turtle.seth。

③ turtle.distance(x,y)。返回当前位置到指定点(x,y)的距离。

3．其他命令

① turtle.clear()：清空 turtle 窗口，但是 turtle 的位置和状态不会改变。

② turtle.reset()：清空窗口，重置 turtle 状态为起始状态。

③ turtle.undo()：撤销上一个 turtle 动作。

④ turtle.hideturtle()：隐藏箭头显示。简写为 ht。

⑤ turtle.showturtle()：与 hideturtle()方法对应，显示箭头。简写为 st。

⑥ turtle.isvisible()：返回当前 turtle 是否可见。

⑦ turtle.stamp()：复制当前图形。

⑧ turtle.write(s[,font=("font-name",font_size,"font_type")])：在当前位置写文本。s 为文本内容，font 是字体的参数，分别为字体名称、大小和类型；font 为可选项和 font 的参数也是可选项。

下面是用 Turtle 绘制阴阳图的代码。

```
from turtle import *

def yin(radius, color1, color2):
    width(3)
    color("black", color1)
    begin_fill()
    circle(radius/2., 180)
    circle(radius, 180)
```

```
        left(180)
        circle(-radius/2., 180)
        end_fill()
        left(90)
        up()
        forward(radius*0.35)
        right(90)
        down()
        color(color1, color2)
        begin_fill()
        circle(radius*0.15)
        end_fill()
        left(90)
        up()
        backward(radius*0.35)
        down()
        left(90)

    def main():
        reset()
        yin(200, "black", "white")
        yin(200, "white", "black")
        ht()
        return "Done!"

    if __name__ == '__main__':
        main()
        mainloop()
```

运行结果如图 6-2 所示。

图 6-2　用 Turtle 绘制的阴阳图

6.3.2　数据计算模块库 Numpy

1．Numpy 的特点

Numpy 是一个用于多维数组计算的第三方模块库。在命令行窗口下用 pip 命令很容易安装 numpy 库。

> pip install numpy

安装成功后，导入 numpy 时可以为之取一个别名，以方便使用其中的函数。用 np 作别名基本已经成为导入 numpy 的规范。

> import numpy as np

Numpy 中的多维数组（ndarray）也就是矩阵（matrix），数组中的元素类型（dtype）要求一致，排成 m 行 n 列，即维度形态为(m,n)的矩阵。数组元素的简单类型有：字符串（Uxx，U 表示 Unicode 字符，xx 表示字符串的长度）、32 位整型（int32）、64 位整型（int64）、32 位浮点型（float32）、64 位浮点型（float64）和布尔型（bool）等。元素也可以是复杂类型，如复数（complex）等。

Numpy 中的数组有些类似 Python 中的列表，元素是有序的，因此按照位置进行访问，位置编号从 0 开始。数组同样也支持切片，可以用于循环结构中。多维数组的维度也称为轴（axes）。注意，数组也和 Python 的内置数据类型一样，创建的是引用，是可变类型的变量，支持原地修改。

2. Numpy 的函数

numpy 中的函数可以分为多种类别，主要包括创建函数、算术运算函数、比较运算函数、三角运算函数、傅里叶变换、随机和概率分布、矩阵运算等。

（1）创建函数。

创建函数用于生成数组变量，共有 9 个函数，功能说明如表 6-9 所示。

表 6-9　Numpy 中的创建数组函数

创建数组函数	功能
np.array(object,dtype=None)	利用 Python 的列表或元组等 object 创建数组，可以用 dtype 指定元素的类型
np. arange([start,] stop[, step,], dtype=None)	创建从 start 到 stop 步长为 step 的数组，默认 start 为 0，step 为 1
np.linspace(start, stop, num=50)	创建从 start 到 stop 的 num 个等分值的数组，默认 num 为 50，num 为非负整数
np.indices(dimensions)	创建指定维度的数组，dimensions 为表示各个维度大小的正整数序列
np.random.rand(dimensions)	创建指定维度的数组，元素为随机值
np.ones(shape,dtype)	创建指定 shape 的数组，shape 为整数或整数序列。数组元素初值为 1
np.empty(shape,dtype)	创建指定 shape 的数组，元素值没有初始化
np.full(shape, fill_const, dtype)	创建维度为 shape 的以常数 fill_const 为元素的数组
np.eye(shape, k=0, dtype)	默认创建对角线为 1，其他元素为 0 的单位矩阵。其中 k 为对角线索引，默认值为 0，即主对角线。k 为正数时在主对角线之上对角元素为 1，其他元素为 0；k 为负数时在主对角线下的对角元素为 1，其他为 0

下面是应用上述函数创建数组的各种形式。

```
>>> np.array([[1, 2], [3, 4]])          #从列表创建
        array([[1, 2],
              [3, 4]])
>>> np.array([1, 2, 3.0])               #元素类型不同时会自动统一
    array([ 1.,   2.,   3.])
>>> np.arange(0,10)
    array([0, 1, 2, 3, 4, 5, 6, 7, 8, 9])
>>> np.arange(6)
    array([0, 1, 2, 3, 4, 5])
>>> np.arange(0,1.0,0.2)
    array([0. , 0.2, 0.4, 0.6, 0.8])
>>> np.linspace(2.0, 3.0, num=5)
    array([ 2.  ,   2.25,   2.5 ,   2.75,   3.  ])
>>> arr = np.indices((2, 3))
>>> arr.shape
        (2, 2, 3)
>>> np.ones(5)                          #元素为 1 的数组
        array([ 1.,   1.,   1.,   1.,   1.])
>>> np.ones((5,), dtype=int)
        array([1, 1, 1, 1, 1])
>>> np.ones((2, 1))
        array([[ 1.],
              [ 1.]])
>>> s = (2,2)
>>> np.ones(s)
    array([[ 1.,   1.],
          [ 1.,   1.]])
>>> arr=np.random.rand(3,5)             #创建以随机数为元素的数组
>>> arr
array([[0.21125888, 0.48140454, 0.89522876, 0.29767821, 0.9101456 ],
      [0.32418051, 0.63322703, 0.72395022, 0.16625499, 0.84371698],
      [0.15417937, 0.03586598, 0.56619307, 0.55469096, 0.47560099]])
>>> np.full((2,3),10)                   #以常数填充的矩阵
array([[10, 10, 10],
      [10, 10, 10]])
>>> np.eye(3,3)                         #主对角元素为 1 的矩阵
array([[1., 0., 0.],
      [0., 1., 0.],
      [0., 0., 1.]])
>>> np.eye(4,4, k=1)                    #主对角往上 1 个位置的对角元素为 1
array([[0., 1., 0., 0.],
      [0., 0., 1., 0.],
      [0., 0., 0., 1.],
      [0., 0., 0., 0.]])
```

数组切片的方法和列表切片类似，但是不支持步长为负数的情况。下面是一些灵活多样

的数组切片的例子。

```
>>> mm1= np.arange(15).reshape((5,3))
>>> mm1
array([[ 0,  1,  2],
       [ 3,  4,  5],
       [ 6,  7,  8],
       [ 9, 10, 11],
       [12, 13, 14]])
>>> mm1[2]                 #取第 2 行数据
array([6, 7, 8])
>>> mm1[1,:]
array([3, 4, 5])          #取第 1 行数据
>>> mm1[1:4]              #取第 1 到 4 行（不含）的数据
array([[ 3,  4,  5],
       [ 6,  7,  8],
       [ 9, 10, 11]])
>>> mm1[0:6:2]           #取第 0 到 6 行（不含）的数据，步长为 2
array([[ 0,  1,  2],
       [ 6,  7,  8],
       [12, 13, 14]])
>>> mm1[0:3,1:3]         #取矩阵的 0～2 行和 1～2 列的子阵
array([[1, 2],
       [4, 5],
       [7, 8]])
```

数组变量生成后，常用的用于数组对象的方法有属性和形态改变方法，包括：

- ndarray.ndim：返回数组轴的个数。
- ndarray.shape：返回数组的维度，返回每个维度构成的元组。
- ndarray.size：返回数组元素总个数。
- ndarray.dtype：返回数组元素的类型。
- ndarray.itemsize：返回数组每个元素所在字节数目。
- ndarray.data：返回存储数组的缓冲区的地址。
- ndarray.flat：返回数组元素的迭代器 flatiter。
- ndarray. reshape(new_shape)：不改变原数组，返回一个新形态的数组。
- ndarray.resize(new_shape)：原地修改数组为新形态。
- ndarray.swapaxes(ax1,ax2)：交换数组两个维度。
- ndarray.flatten()：数组扁平化，返回一个一维数组。

```
>>> x = np.arange(6).reshape(2, 3)
>>> x.ndim
2
>>> x.shape
(2, 3)
>>> x.size
6
>>> x.dtype
```

```
dtype('int32')
>>> fl = x.flat
>>> type(fl)
   <type 'numpy.flatiter'>
>>> for item in fl:
...        print(item)
...
0
1
2
3
4
5
>>> a1=np.arange(6)
>>> a1
array([0, 1, 2, 3, 4, 5])
>>> a1.reshape((3,2))              #返回一个新形态数组
array([[0, 1],
       [2, 3],
       [4, 5]])
>>> a1.resize((2,3))              #原地修改为 2*3 的矩阵
>>> a1
array([[0, 1, 2],
       [3, 4, 5]])
>>> a1.flatten()                 #扁平化，返回一维数组
array([0, 1, 2, 3, 4, 5])
>>> a1.swapaxes(0,1)             #交换两个轴，变为 3*2 的矩阵
array([[0, 3],
       [1, 4],
       [2, 5]])
```

（2）运算和比较函数。

numpy 基于多维数组可以进行多种运算，包括算术运算，如加、减、乘、除、取余数等。这些运算中如果不指定运算结果的数组 y 就返回一个新的数组保存结果。除算术运算外还提供了多功能的函数，如绝对值、平方根、指数、对数、极大、极小、平均等。运算函数如表 6-10 所示。

表 6-10　Numpy 的运算函数

运算函数	功能
np.add(a1,a2[,y])	y =a1 + a2
np. subtract(a1,a2[,y])	y =a1 - a2
np.multiply(a1,a2[,y])	y =a1 * a2
np. divide (a1,a2[,y])	y =a1 / a2
np. floor_divide (a1,a2[,y])	y =a1 // a2

续表

运算函数	功能
np. negative (a1[,y])	y = -a1
np. remainder (a1,a2[,y])	y =a1 % a2
np.abs(x)	求每个元素的绝对值
np.sqrt(x)	求每个元素的平方根
np.sign(x)	求每个元素的符号函数的值
np.ceil(x)	求大于或等于每个元素的最小值
np.floor(x)	求小于或等于每个元素的最大值
np.exp(x[,out])	求每个元素的指数值
np.log(x), np.log10(x), np.log2(x)	求每个元素的以 e、10、2 为底的对数值
np.mean(x)	求数组元素的平均值
np.std(x)	求数组元素的标准差
np.max(x)	求扁平化数组元素的最大值
np.min(x)	求扁平化数组元素的最小值

```
>>> a = np.array([[1, 2], [3, 4]])
>>> np.mean(a)
2.5
>>> np.mean(a, axis=0)
array([ 2., 3.])
>>> np.mean(a, axis=1)
array([ 1.5, 3.5])
>>> a = np.arange(4).reshape((2,2))
>>> a
array([[0, 1],
       [2, 3]])
>>> np.max(a)              #扁平化数组的最大值
3
```

比较函数主要有相等（equal）、不等（no_equal）、小于（less）、小于等于（less_equal）、大于（greater）、大于等于（greater_equal）和根据条件判定的 where，都和常规比较运算类似，结果为布尔型的数组，这里不再详述。

6.3.3　可执行代码生成模块 Pyinstaller

如果需要发布 Python 脚本程序，Pyinstaller 是一个不错的工具，它能够把脚本打包为在不同平台上运行的可执行程序。这些平台可以是 Windows、Linux 或 Mac OS 等。打包后在没有安装 Python 解释器的条件下就能运行 Python 程序。Pyinstaller 对第三方模块的兼容性很好，是因为很多外部模块运行的条件都集成在 Pyinstaller 中了，发布过程中几乎不需用户的干预。

Pyinstaller 的官方下载地址是http://www.pyinstaller.org/。安装 pyinstaller 模块用 pip 命令，如下：

```
C:\> pip install pyinstaller
```

安装后在命令行窗口中运行 pyinstaller 即可完成打包过程。例如，将一个名为 test.py 的脚本生成可执行程序，可以简单地执行以下命令：

C:\> pyinstaller   test.py

成功运行后在当前路径下生成 3 个文件夹：__pycache__、build 和 dist。__pycache__ 文件夹下是一个编译生成的字节码文件，扩展名为.pyc，可不用。build 文件夹下是 pyinstaller 的临时文件，可以安全删除。用户最终需要的可执行程序在 dist 文件夹下的 test 文件夹下，这个文件夹除了有 test.exe 可执行程序外，还有一些动态链接库文件*.dll。

Pyinstaller 的常用参数及说明可以用 -h 获得。

```
C:\> pyinstaller -h
usage: pyinstaller [-h] [-v] [-D] [-F] [--specpath DIR] [-n NAME]
                        [--add-data <SRC;DEST or SRC:DEST>]
                        [--add-binary <SRC;DEST or SRC:DEST>] [-p DIR]
                        [--hidden-import MODULENAME]
                        [--additional-hooks-dir HOOKSPATH]
                        [--runtime-hook RUNTIME_HOOKS] [--exclude-module EXCLUDES]
                        [--key KEY] [-d] [-s] [--noupx] [-c] [-w]
                        [-i <FILE.ico or FILE.exe,ID or FILE.icns>]
                        [--version-file FILE] [-m <FILE or XML>] [-r RESOURCE]
                        [--uac-admin] [--uac-uiaccess] [--win-private-assemblies]
                        [--win-no-prefer-redirects]
                        [--osx-bundle-identifier BUNDLE_IDENTIFIER]
                        [--runtime-tmpdir PATH] [--distpath DIR]
                        [--workpath WORKPATH] [-y] [--upx-dir UPX_DIR] [-a]
                        [--clean] [--log-level LEVEL]
                        scriptname [scriptname ...]
```

其中脚本文件名 scriptname 是必要参数，其他可选。这些参数中包括生成内容的参数、打包内容的参数、打包方式的参数、平台参数等几类。例如，打包生成内容参数默认为 -D，也就是生成包含可执行文件的文件夹 dist。还可以使用 -F 参数，这样只生成一个可执行文件。利用 -i 参数可以为生成的可执行程序指定一个图标，-w 参数用于隐藏控制台窗口，-p DIR 用于添加第三方库文件的路径。

注意：脚本文件的路径中不能包括空格和英文句号（.）；脚本的编码也要求是 UTF-8，暂不支持其他的编码。

6.3.4 中文信息处理工具 Jieba

jieba 是一个开源的中文信息处理模块，可以在 github 下载源代码，下载地址为 https://github.com/fxsjy/jieba。同样可以在 Python 3 中利用 pip install 完成安装，模块的使用也比较简单。

jieba 的功能主要有中文分词、关键词提取、词性标注等，这些是实现中文信息处理的基本步骤。

1. 中文分词

中文分词采取基于统计的分词方法，默认使用隐马尔科夫模型 HMM。jieba 的分词速度快，可以实现并行计算；支持简体和繁体汉字，用户可添加自定义词典和设置停用词表等。

jieba 分词为满足不同的分词需求和分词粒度，有三种分词模式：精确分词、全模式分词和搜索引擎模式。精确分词最大可能地准确切分出句子中的词语，全模式分词则把可能成词的都列出来，搜索引擎模式可满足搜索引擎为提高召回率而期望的较细粒度的分词需求。模块中对应的分词方法有 jieba.cut（精确分词，cut_all 参数用来控制是否采用全模式）和 jieba.cut_for_search（搜索引擎模式分词）。

分词的字符串一般要求以 unicode 表示。jieba.cut 和 jieba.cut_for_search 返回切分得到的词语，可以直接在迭代环境下读出；或者用 jieba.lcut 或 jieba.lcut_for_search 直接返回由词语构成的列表。典型应用如下：

```
>>> import jieba
>>> seg_list = jieba.cut("外商投资企业成为中国外贸重要增长点", cut_all=True)
>>> print("Full Mode: " + "/ ".join(seg_list))          #全模式分词
    Full Mode: 外商/ 外商投资/ 投资/ 企业/ 成为/ 中国/ 国外/ 外贸/ 重要/ 增长/ 增长点
>>> seg_list = jieba.cut("外商投资企业成为中国外贸重要增长点", cut_all=False)
>>> print("Default Mode: " + "/ ".join(seg_list))        #精确模式分词
    Default Mode: 外商投资/ 企业/ 成为/ 中国/ 外贸/ 重要/ 增长点
>>> seg_list = jieba.cut_for_search("外商投资企业成为中国外贸重要增长点")
                                                          #搜索引擎模式分词
>>> print(", ".join(seg_list))
    外商, 投资, 外商投资, 企业, 成为, 中国, 外贸, 重要, 增长, 增长点
```

2．关键词提取

jieba 中的 jieba.analyse 提取句子中的关键词，提取算法有基于 TF-IDF（term frequency–inverse document frequency）和 TextRank 两种。提取关键词时首先要导入 jieba.analyse。下面介绍使用不同算法提取关键词。

（1）jieba.analyse.extract_tags(sentence, topK=20, withWeight=False, allowPOS=())。该方式默认利用 TF-IDF 算法提取关键词。参数说明如下：

● sentence：指定输入的文本。

● topK：返回 TF/IDF 权重最大的关键词的个数，默认值为 20。

● withWeight：是否同时返回关键词权重值，默认值为 False。

● allowPOS：仅包括指定词性的词，默认值为空，即不筛选。

例子如下：

```
>>> import jieba.analyse
>>> jieba.analyse.extract_tags("外商投资企业成为中国外贸重要增长点", topK=3, withWeight=False, allowPOS=())
['外商投资', '增长点', '外贸']
```

（2）jieba.analyse.textrank(sentence, topK=20, withWeight=False, allowPOS=('ns', 'n', 'vn', 'v'))。该方式利用 TextRank 算法提取关键词。参数和第一种方式相同。注意，默认过滤词性为专有地名词、名词、动名词和动词。

3．词性标注

jieba.posseg 可以在词汇切分的同时标注词汇的词性，利用的函数是 cut。返回结果同样是一个生成对象，可以在迭代环境下使用。例子如下：

```
>>> import jieba.posseg as pseg
```

```
>>> words = pseg.cut("外商投资企业成为中国外贸重要增长点")
>>> for wrd in words:
        print(wrd, end= '    ')
```

外商投资/j　企业/n　成为/v　中国/ns　外贸/n　重要/a　增长点/n

词性标记集包括 22 个一类标记、62 个二类标记和 11 个三类标记。jieba 的说明文档中有词性标记的具体说明。

6.3.5　词云生成工具 Wordcloud

词云是一个将词的分布情况可视化的工具。在 Python 3.6 后安装词云可以直接用 pip install wordcloud 命令顺利完成。

对于要可视化的词分布，英文的文本可以直接输入，因为模块中的 generate 方法可对英文文本进行自动分词，然后生成词云图。但中文文本首先要进行切分处理，可利用前面介绍的 jieba 模块分词，之后才能够得到词汇的分布图。

下面这段测试程序可以检测 Wordcloud 是否正常运行，其中打开的文件是一篇英文文档，云图形状为简单的矩形。

```
# -*- coding: utf-8 -*-

from wordcloud import WordCloud

f = open(r'my_text.txt','r').read()                      #my_text.txt 是一篇英文文本
wordcloud = WordCloud(background_color="white",          #设置背景颜色，默认颜色为黑色
width=1000, height=860, margin=2,                         #设置词云图片宽度、高度和词间隔
font_path = r'D:\Fonts\simkai.ttf').generate(f)          #指定新字体文件的目录

import matplotlib.pyplot as plt                           #导入绘图模块
plt.imshow(wordcloud)
plt.axis("off")
plt.show()
wordcloud.to_file('my_test1.png')                         #输出词云图文件名
```

运行结果如图 6-3 所示。

图 6-3　词云图

如果要生成更复杂的词云图，参数也更多，这里不再展开介绍。

6.4　模块的搜索路径

安装的模块一般有默认的路径，在成功导入该模块后，可以用 print 输出模块所在的位置。例如：

```
>>> import re
>>> print(re)
<module 're' from 'C:\\python35\\lib\\re.py'>
>>> import numpy as np
>>> print (np)
<module 'numpy' from 'C:\\python35\\lib\\site-packages\\numpy\\__init__.py'>
```

不过模块安装成功后，导入时也会出现系统找不到该模块的情况，因此下面介绍 Python 中模块的一般搜索路径问题。

导入模块的一个关键问题是告诉 Python 到哪里寻找指定的模块，按照怎样路径顺序寻找模块。系统有默认的搜索位置和次序，有些可由用户设置和更改。当前使用的搜索路径用 sys 模块中的 sys.path 查看。下面是在交互环境下的查看结果。

```
>>> import sys
>>> sys.path
['', 'C:\\python35\\Lib\\idlelib', 'C:\\python35\\python35.zip', 'C:\\python35\\DLLs', 'C:\\python35\\lib',
'C:\\python35',                                              'C:\\python35\\lib\\site-packages',
'C:\\python35\\lib\\site-packages\\openpyxl-2.5.0a3-py3.5.egg',
'C:\\python35\\lib\\site-packages\\et_xmlfile-1.0.1-py3.5.egg',
'C:\\python35\\lib\\site-packages\\jdcal-1.3-py3.5.egg',      'C:\\python35\\lib\\site-packages\\win32',
'C:\\python35\\lib\\site-packages\\win32\\lib', 'C:\\python35\\lib\\site-packages\\Pythonwin']
```

这些路径中包括以下 5 类路径。

（1）程序的主目录：也是首先搜索模块的位置。例子中 Python 程序安装在 C:\\Python35 目录下，因此 Python 首先在该位置检查导入的模块是否存在。

（2）PYTHONPATH 中给出的路径：PYTHONPATH 是一个环境变量，是可以由用户定义搜索目录的变量。也就是说，如果已知要导入模块在某个目录下，只要将这个位置添加到环境变量中就可以让解释器顺利找到该模块导入。而要把一个模块路径添加到 PYTHONPATH 变量中也是很简单的，比如想把 C:\python\mymodules 这个路径添加环境变量中，在命令行中可以用 set PYTHOMPATH 命令实现，如下：

```
C:\> set PYTHOMPATH=C:\python\mymodules
```

（3）标准库目录： Python 安装时默认放置内置模块的位置，通常是安装路径下的 Lib 目录用于保存标准库模块。

（4）如果存在有.pth 文件，则搜索在该文件中所列的路径。pth 文件是用户建立的文本文件，用户可自定义设置模块的搜索路径，一行一个路径。

（5）Python 按照 sys.path 给出列表的顺序依次搜索指定要导入的模块，找到则停止搜索下面的路径。如果上述位置都没有找到该模块，则给出加载模块的异常报告。使用中，要把某个模块位置临时添加到 sys.path 中，可以简单地在交互环境下使用 append 命令，如添加

c:\\lp2e\\examples 到搜索路径中，用如下命令：

```
>>> sys.path.append('c:\\lp2e\\examples')
```

由于用 Python 自带的安装模块 pip 安装模块库后不一定放在标准库目录 lib 下，因此建议建立*.pth 文件，把模块路径写入 pth 文件，并把 pth 文件放在 lib/site-package/目录下，这样就可以在图形界面下加载模块了。

6.5　创建模块

一个 Python 文件就可以是一个模块，模块的扩展名为.py。在模块顶层定义的变量和函数等都成为模块的变量。模块被导入后，其中的变量可以被其他模块使用。因此用户创建自己的模块是很简单的，编辑一个 Python 文件保存即可。文件中顶层函数成为模块的函数（方法），顶层变量成为模块的属性。创建模块文件等同于编辑一个 Python 程序。要注意命名模块时不要使用 Python 中的保留字，防止与内置函数和其他变量冲突。比如，不能将自定义的一个模块文件命名为 if.py，那样就无法和 if 语句区分了。关于 Python 的保留字，请参见附录部分。

和函数命名空间的概念类似，在一个模块中定义的变量和函数，其作用域仅在该模块内，不会影响导入者。来看下面的例子，将下面的这段脚本放在模块 mod_a.py 中。模块中定义了自己的顶层变量 X，并在自己的函数中使用它。

```
X=99
def f():
        global X
        X=88
```

再定义一个模块 mod_b.py，下面是 mod_b 的内容。其中也定义了自己的全局变量 X。mod_b 中导入了 mod_a，并调用了其中的 f 函数，但是 f 函数只能修改 mod_a 中的 X，但不能修改 mod_b 中的 X。运行 mod_b.py 结果为 11　88。第一个打印的 X 是 mod_b 中本地的 X，尽管之前调用了 mod_a 中的 f 函数，但 f 修改的只是 mod_a 中的 X，不影响 mod_b 中的 X。

```
X=11
import    mod_a
mod_a.f()
print( X, mod_a.X)
```

6.6　主模块

任何文件都可以作为模块库的一个模块被其他模块导入，模块被导入才被执行。如果要把某个模块文件作为主程序，可在主程序代码的最后添加一个 if 语句，这是该模块作为主程序的标志。这个 if 语句形如：

```
if __name__ == "__main__":
        …
```

if 语句的作用是检查是否存在一个值为__main__的__name__。__name__是一个特殊的变量，是每个模块都有的内置属性。当前文件作为主模块（顶层模块）运行时，__name__的值被自动设置为__main__。模块被其他模块导入时它的__name__被设置为用户导入时指定的名字。也就是说，if 语句用于测试该文件是否作为主模块执行。主模块通常是在命令行通过这样的命令启动的：

　　　python　main_module.py

这种情况下，main_module.py 中的 if __name__ == "__main__": 才成立，也就是 if 语句块为主程序的内容。当文件不作为主程序而作为一般模块被其他模块导入时，if 语句块的内容就不会被执行。

　　__name__ 属性经常用于代码的测试阶段。在模块测试时，可以将一些测试语句放在 __name__ 的 if 语句中。测试时将该文件作为主程序直接运行，这样测试语句就可以执行。测试完成后，该文件作为模块在其他程序中被导入使用时，测试语句就不会被执行了。

本章小结

　　模块是 Python 程序组织的高级单位，一段脚本程序就可以作为一个模块被其他模块导入，导入后模块中的方法和属性可被导入者使用。导入模块的语句有两种：import 语句和 from 语句。两种导入方法各有利弊。使用 from 时要注意和本地命名空间可能发生的冲突问题。本章还介绍了 Python 常用的几个标准模块，包括 sys、os、re、fileinput、getopt、time 等。Python 有十分丰富的第三方模块库，构成了 Python 语言的生态环境。本章选取了 turtle、numpy、pyinstaller、jieba、wordcloud 等予以简单介绍。

　　模块化的程序设计框架充分展示了 Python 语言的黏着性。程序的模块化还可以让用户更加专注自己领域的设计，并形成功能清晰的脚本程序，提高代码的重用性，也便于将复杂任务降解、分块调试。

习题 6

一、选择题

1．对于模块的认识，正确的是（　　　）。

　　A．模块是 Python 程序的顶层结构

　　B．一个 Python 文件可以作为一个模块

　　C．导入模块时需要加文件的扩展名 .py

　　D．模块导入后获得了对该模块中的变量、属性、方法的访问权

2．模块导入的合法方式有（　　　）。

　　A．import module [as alias]　　　　B．import func from module

　　C．from module import *　　　　　　D．from module import func

3．用 import 和 from 导入模块的区别是（　　　）。

　　A．import 只能一次导入，from 可以多次导入模块

　　B．import 导入要用 module.var 形式使用模块的变量，from 可以直接用模块变量名

　　C．import 导入时生成了模块的副本，from 没有生成

　　D．from 导入模块可能引发变量名冲突，import 则不会

4. 利用 import math as mm 导入数学模块后（包括常量 pi、sin 函数等），下面用法合法的是（   ）。

  A．sin(pi)   B．math.sin(math.pi)

  C．mm.sin(pi)   D．mm.sin(mm.pi)

5. 利用 help 可以获得关于模块函数的使用介绍，这部分文本来自（   ）。

  A．help 文档

  B．模块函数定义时的文档字符串

  C．模块函数定义时任意位置的注释内容

  D．标准 Python 文档

6. 建立和查看模块的搜索路径的方法有（   ）。

  A．查看 site-packages 目录

  B．调用 sys 模块的 path 方法

  C．查看和修改 PYTHONPATH 环境变量

  D．将模块所在路径添加到 Windows 环境变量中

7. sys 模块的 argv 变量保存有命令行参数，假设命令行输入为 python test.py file1 file2，则 sys.argv[0]的值是（   ）。

  A．python   B．test.py

  C．file1   D．python test.py file1 file2

8. random.random()的返回值是（   ）。

  A．0～1 之间的随机值，不包括 0 和 1

  B．0～1 之间的随机值，包括 0 和 1

  C．0～1 之间的随机值，包括 0 但不包括 1

  D．任意随机数

9. 下面关于 Python 正则表达式模块的说法正确的有（   ）。

  A．re 模块提供的正则表达式操作和 Perl 中的类似

  B．模式和查找的字符串既可以为 8 位字符串（ASCII 码），也可以是 unicode 字符串

  C．通配符，可以匹配任意单个字符，包括换行符

  D．转义符\的作用是赋予普通字符以特殊含义

10. 可以用[]创建字符集，下面合法的字符集有（   ）。

  A．[z-a0-9]   B．[^A-K]   C．[A\-F]   D．[-0-9]

11. 模式'p(ython|erl)'匹配的内容是（   ）。

  A．p 或 ython 或 erl   B．python 或 perl

  C．python 和 perl   D．python 和 erl

12. r'^\w+\.python\.org' 匹配的内容有（   ）。

  A．www.python.org   B．python.org

  C．w.python.org   D．http.www.python.org

13. re 模块中 search 和 match 函数的区别是（   ）。

  A．返回值不同

  B．效率不同

C．search 遇到第一个匹配即结束，match 可多次匹配

D．search 在任何位置匹配模式，match 只能从字符开头匹配模式

14．返回给定模式所有匹配项的函数是（　　　）。

A．re.sub

B．re.escape

C．re.match

D．re.findall

15．组是放在圆括号内的子模式，0 组表示整个模式。交互模式下输入。

>>> m=re.match(r'www\.(.*)\..{3}', 'www.python.org')

>>> m.group(1)

运行后的结果是（　　　）。

A．wwww　　　　　B．.　　　　　　C．python　　　　　D．3

16．一个匹配对象，内置的主要方法有（　　　）。

A．group　　　　　B．span　　　　　C．end　　　　　D．begin

17．re.sub(r'*(.+)*', r' <em>\1<\em>', ' *This* is * it*!')替换的结果是（　　　）。

A．<em>This * is * it<\em>

B．<em>This <\em>

C．<em>it <\em>

D．B 和 C 都正确

18．re.sub(r'*(.+?)*', r' <em>\1<\em>', ' *This* is * it*!')替换的结果是（　　　）。

A．<em>This * is * it<\em>

B．<em>This<\em> is <em>it <\em>

C．<em>This is it <\em>

D．B 和 C 都正确

19．关于模块中的变量和函数的作用域，说法正确的有（　　　）。

A．模块中的变量不能声明为 global 型，只能是 local

B．模块中的变量和函数的作用域仅在模块内

C．模块中的函数能够操作模块外的 global 变量

D．模块外的 global 变量会覆盖模块内的同名变量

二、思考和编程题

1．在模块设计时要对模块进行测试，需要执行部分测试语句，但这部分语句又不想将来模块被导入者执行，该怎么办呢？

2．导入 math 模块，利用其中的 sqrt 平方根函数求两点(x1,y1)和(x2,y2)之间的距离 d：
$d = \sqrt{(x_1 - x_2)^2 + (y_1 - y_2)^2}$ 。

3．编写一个模块，包含 char_freq_table()函数。传入一个文件名，统计该文件中的所有英文字符的出现次数，忽略大小写的区别，并根据次数的高低打印字符及其频率到屏幕上。

4．编写一段程序，为一个文本文件的每一行前面添加行号，并以一个新的文件保存添加了行号的文件。

5．利用 os 模块的有关函数获取当前工作路径，并把当前工作路径中的所有文件名打印出来。试编写实现的代码。

6．使用 sys 模块和 os 模块编写程序，用户输入一个目录和一个文件名，搜索该目录及其子目录中是否存在该文件。

7．定义一个函数 kuozhan(dirpwd)，用 os 模块的相关方法返回一个列表，列表包括 dirpwd 路径下所有文件不重复的扩展名，如果有两个.py 的扩展名，则返回一个.py。

8．定义一个函数 xulie(dirname,info) 。函数的参数说明：dirname 是路径名，info 是需要序列化的数据。函数的功能是：将 info 数据序列化存储到 dirname 路径下随机的文件里。

9．编程实现以下要求：

● 用 time 模块获取当前的时间戳。

● 用 datetime 获取当前的日期，例如：2013-03-29。

● 用 datetime 返回一个月前的日期：比如今天是 2013-3-29，一个月前的话是 2013-02-27。

10．已知 11 位身份证号码，其中隐含着一个人的出生年月日，试编写脚本，用户输入一个身份证号码，提取其中的出生日期部分并打印到屏幕上，形如下面的运行结果。

>>> Please input your ID card number:
You were born in XXXX-XX-XX

11．编写一个猜数游戏的模块 guess_number，随机生成一个 1～20 之间的整数，然后请用户猜，如果用户输入的数字和机器生成的数不一样，给出一个大小的提示，请用户继续猜；如果猜对，则给出提示信息后结束。运行界面形如：

>>> import guess_number
Hello! What is your name?
Tom
Well, Tom, I am thinking of a number between 1 and 20.
Take a guess.
10
Your guess is too low.
Take a guess.
15
Your guess is too low.
Take a guess.
18
Good job, Tom! You guessed my number in 3 guesses!

12．试编写猜词游戏程序，将输入的一个英文单词或短语重排字母的顺序得到一个新的单词或短语。例如 *orchestra* 重排后可以得到 carthorse，A decimal point 重排后可以得到 I'm a dot in place 等。给出重排后的单词或短语和一些必要的提示，由用户猜测原词。运行结果形如：

>>> import anagram
Colour word anagram: onwbr
Guess the colour word!
black
Guess the colour word!
brown
Correct!

13．编程实现利用蒙特卡罗法求圆周率。圆周率π是一个无理数，精确求π的值是一个难题。数学家蒙特卡罗给出了一种统计实验法求π值的巧妙方法。算法是随机向一个单位正方形和圆的平面图上投掷点，计算每个点到圆心的距离。距离大于 1 的点表示在圆外，距离小于等于 1 表示点在圆内。当投掷点的数目越大时，越能覆盖整个图形。在圆内的点的概率就等于 1/4 圆面积，从而π的值就可以基于这个统计概率计算出来。

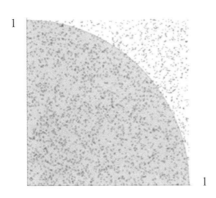

提示：利用 random 函数产生[0,1]之间的随机数。随着随机点数目的增大，通过这个实验方法对π值的计算误差也越小。

14．编写一个英文断句程序 splitter，将一个由若干句子构成的文本断为一个个的句子，一个句子一行输出。

一般地，英文句子以.、？、!等结尾，但圆点不一定都是句子的结束标志，例如小数点、缩略词和网址等也有圆点。这里给出一些简单断句的规则，在这些情况下".."一般不是一个句子的结尾。

- ".."后有空格，但空格后为一个小写字母。
- ".."后为一个数字。
- ".."后有空格，空格后为大写字母，但".."和前面的几个字母构成的单词出现在称谓词表中。称谓词一般有 Mr.、Mrs.、Dr.等（可以自行构建一个简单的称谓词表）。
- 在一个字符串中间的".."，周围没有空格的，不是句子结束标志。如 www.aptex.com,e.g.后还有标点符号的，如逗号或其他标点，一般也不是句子结尾。如 co.,等。

测试运行程序 splitter，可以用下面这个句子：

Mr. Smith bought cheapsite.com for 1.5 million dollars, i.e. he paid a lot for it. Did he mind? Adam Jones Jr. thinks he didn't. In any case, this isn't true... Well, with a probability of .9 it isn't.

断句结果输出应该为：

Mr. Smith bought cheapsite.com for 1.5 million dollars, i.e. he paid a lot for it.

Did he mind?

Adam Jones Jr. thinks he didn't.

In any case, this isn't true...

Well, with a probability of .9 it isn't.

15．用 turtle 模块绘制以下心形图案并填充红色。

16．试用 turtle 模块绘制旋转五边图形，具有透视效果，每一个边用一种颜色。效果如下图所示。

17．用 numpy 模块生成一个 10*10 的随机矩阵，并求矩阵元素的最小值、最大值和平均值，在每个元素上加 1。

18．用 numpy 模块生成一个 5*5 的随机矩阵，并对矩阵元素进行归一化操作。

19．生成 5*3 和 3*2 的两个随机矩阵，实现两个矩阵相乘。

第 7 章 面向对象程序设计初步

程序设计方法分为两大类。一类是面向过程的程序设计：通过将任务进行功能分析分解为若干子功能，子功能还可以进一步细分。先实现子功能，再解决系统的总体控制问题。面向过程的程序设计中常用流程图描述任务，得到的是一个结构化的系统模型。另一类是面向对象的程序设计（OOP）：对象是系统的主体，系统反映了对象之间的相互作用和相互联系。和面向过程的设计相比，OOP 的高效、易用和便于维护等特点使之成为目前流行的软件设计架构。Python 是面向对象的程序设计语言，具有完备的 OOP 设计特征，但它并不强制编写 OOP 程序，同样提供了良好的结构化程序设计环境。本章介绍 Python 对面向对象程序设计的支持，主要包括类的创建和使用方法、构造函数、运算符重载等知识。

学习目标

- 熟悉 OOP 的基本概念。
- 掌握 Python 中类的定义方法，区分类属性和实例属性。
- 了解类的构造函数。
- 了解运算符重载的概念。

7.1 面向对象基础

面向对象编程（OOP）是一种程序设计的架构，是和面向过程的程序设计完全不同的软件工程设计思路。OOP 技术提升了软件的重用性、灵活性和扩展性。首先介绍一下 OOP 中的核心概念和主要特征。

（1）对象（object）：客观世界中的各种事物都可以视为对象。每一个对象有其各自的属性，比如树木的属性有树种、外形特点等；对象还有自己的行为特征，比如树木能够生长、开花、结果等。在计算机中要处理的对象是设计任务中的一个实体。经过抽象后，实体由属性和行为构成。属性也称为状态，行为在程序设计中也称方法或操作。OOP 中对象属性由对象中的变量来反映，而方法通常对应的是函数。

（2）类（class）：是相同类型对象共同特征的抽象集合，对象则是类的实例。类在 Python 中也可以看作是一种数据类型，内置的数据类型如字符串、列表等都可以看作一种类。另外，用户也可以自己定义类，反映实体的抽象特征。定义类后，实例化类就得到类的对象，就像使用内置类型创建各种类型的变量一样。

OOP 提供了对象之间的通信机制，程序通过执行对象中的各种方法来改变对象的属性，从而使对象发生某些事件。对象发生某些事件时，通常向其他有关对象发送消息并请求处理，因此程序的执行表现为一组对象之间的交互通信。对象之间的通信要通过公共接口，在类中声明的public成员变量便是对象的对外公共接口。OOP首先要把程序设计任务抽象分解为多个功能独立的对象（类），再基于对象之间的交互来解决复杂的问题，因此可以很好地实现任务的分割和组合。

OOP 的基本特征有抽象（abstract）、封装（encapsulation）、继承（inheritance）和多态（polymorphism）。

（3）抽象：抽象是指对一种对象共同特征的概括，抽象的结果是形成对象的类。对象包括属性和方法，因此对应地抽象也分为数据抽象和行为抽象。数据抽象得到类中的变量或状态，行为抽象得到对象的共同操作。

（4）封装：封装是 OOP 相对面向过程设计的最大优势，即将一个实体的信息、功能、响应都作为一个单独的对象中的特性，使类的用户不必关心类的实现细节，只需要根据要求使用其中的方法即可操作对象。另一方面，封装还起到对外部世界隐藏数据成员和方法的作用。比如，类的属性和方法的访问可以设置为只对类的成员开放，从而防止从外部对类中数据的修改或获取。因此，封装好的类具有明确的功能和方便的接口，并能隐藏对象的内部表示。

（5）继承：继承反映的是类之间的一种相互关系，新类可以从已经存在的类那里获得已存在的特征。继承机制允许在不改动原始类的基础上对其进行扩充，这样能够在保留部分原来属性和方法的基础上扩展新的功能。继承提高了软件设计中代码的重用率、独立性和开发效率。被继承的类称为基类或父类，继承者称为派生类或子类。OOP 允许多重继承，即一个子类可以继承多个父类，一个父类也可以派生出多个子类。

（6）多态：多态指不同对象对于同样作用的不同响应。多态建立在类的虚拟函数基础上，虚拟函数是类的成员函数表现出多态性的根本。

7.2 类和实例

7.2.1 类和实例的生成

在 Python 程序中进行面向对象程序设计，类就成为程序的基本组成单位。类的构成包括成员变量和成员函数（或方法），通过成员函数对类本身及内部变量进行操作。Python 中使用 class 语句定义类，通过赋值语句创建类的成员变量，通过 def 函数定义类的方法。实例对象是类的具体化，每次调用类就会生成一个新的实例对象，每个实例都继承了类的属性和方法，并获得自己的命名空间。使用实例对象方法和属性的格式与调用模块的变量和函数类似，使用圆点运算符：object.name。其中名字部分可以是成员变量，也可以是方法名。同简单变量一样，类和实例中的属性也不需要事先声明，在首次赋值时它的类型和值就生成了。

用 class 语句创建类的格式如下：

```
class   类名([父类 1, 父类 2,...]):
        [类变量名=初始值]              #定义类变量（属性）
        …
        [def 方法名(self,参数)]        #定义类的方法
```

类名按照一般变量的命名规则命名，根据常规，类名是首字母大写的字符串，形如 MyFirstClass、Circle 等，而类中的方法一般是小写单词的形式，可以用下划线"_"来增加可读性。类名后面的()内为该类的继承类的列表，如果没有继承类可以缺省；冒号后就是类内部

的语句了, 注意和 class 语句有一定的缩进。和 class 语句相同缩进量的语句是不在类定义中的。在类中定义的变量就成为类的属性, 定义的函数成为类的方法。在类的函数中, 有个特殊的参数 self, 它在所有的方法声明中都存在。self 代表实例本身, 是在类实例化时自动生成的参数。通过 self 可以引用正在处理的实例对象, 通过对 self 的属性进行赋值, 可以创建或修改实例对象的数据。Python 对象中的 self 等同于 C++和 Java 中的 this, 但是 C++和 Java 中隐含地使用 this, 而 Python 对实例本身的引用要显式地使用 self 参数。下面是一个在交互环境下简单类定义和使用的例子。

```
>>> class MyClass:                  #定义类
        def setdata(self, value):   #类的函数，self 代表正处理的实例
            self.data=value         #给对象变量赋值
        def display(self):
            print (self.data)       #类函数使用类的对象变量

>>> x=MyClass()                     #生成 MyClass 的一个实例
>>> x.setdata('Hi, Python')         #调用实例的方法
>>> x.display()                     #调用实例方法时，即使没有参数，也不能缺省括号
Hi, Python
>>> y= Myclass()                    #可生成多个类的实例
>>> y.setdata(3.14)                 #成员变量赋值为一个浮点数
>>> y.display()
3.14
>>> x.data([1,3])
>>>x.display()
[1,3]
```

例中定义了一个名为 MyClass 的类, 类中定义了两个方法: setdata 和 display, 在 setdata 方法中为实例对象的属性 data 赋值, 赋值的来源是传入的参数。在 display 方法中, 也通过传入的 self 参数打印出实例对象的属性 data 的值。

定义了 MyClass 类后, 用赋值语句得到了类的两个实例 x 和 y。一个类的实例可以是无限多个。通过实例调用类的方法 setdata 时, 分别给不同实例传递了不同类型的参数, 使得实例变量的类型不同, x 实例中 data 是字符串, y 实例中 data 为浮点数。display 方法将各自的实例变量的值打印出来。通过实例调用类方法也是用圆点运算符, 形式如下:

实例.类方法(参数)

注意到 display 方法传入的是个对实例对象自身引用的特殊参数, 通过这个参数获取对实例属性的引用, 此时默认该实例属性已经定义了。如果没有先调用 setdata 为实例变量 data 赋值就直接调用 display 方法, 就会触发变量没有定义的错误。当然, 还可以在类外部实现实例变量的赋值操作, 形式是: 实例.属性=表达式。如例子中的最后两行。不过这样类的封装性就不够好了, 因为等于在类的外部直接操作对象中的变量了。一个好的封装应该尽量让实例内部的属性不被外部访问。

在 Python 中, 如果希望父类的属性和方法不被子类和外部访问与覆盖, 可以在变量名称前加上两个下划线, 形如__variable。这样实例变量就变成了一个私有成员, 只有类对象自己能访问, 连子类对象也不能访问到这个数据。而以单个下划线开头的变量为保护变量, 只有类对象和子类对象才能访问。如果单下划线开头的变量属于某个模块, 用 from 语句导入该模块

时，这个变量不会被导入。

```
>>> class MyClass:                    #定义类
        def setdata(self, value):
            self.__data=value          #私有成员变量赋值
        def display(self):             #类函数使用类的成员变量
            print (self.__data)
>>> x.setdata('Hi, Python')
Hi, Python
>>>x.__data([1,3])                     #私有成员变量不能从外部访问
Traceback (most recent call last):
   File "<pyshell#80>", line 1, in <module>
       x.data('hw')
AttributeError: MyClass instance has no attribute '__data'
```

7.2.2　类的继承

继承反映的是类之间的关系。一个类的属性和方法可以从已经存在的类中直接获得，那就是基于已有的类创建一个新的继承类，这个子类将继承父类所有的方法和属性，同时也可以对父类的特征进行修改和增删，从而在原有类的基础上得到一个新类。继承是 OOP 设计十分强大的机制，使得既能重复利用已有的设计类，提高代码的重用率，又能设计新类并添加新的特征。如果一个类是继承类，需要将父类作为参数写在类定义开头的括号内，如果子类继承了多个父类，父类名之间用逗号分隔开。

继承让子类拥有父类的所有成员变量和方法，因此可以在子类中直接使用父类中的所有属性和方法，或者说，当在子类中使用一个没有在其中定义的变量时，系统会自动到其父类中搜索该名称。下面看一个继承的实例。

先定义一个 Computer 类，类中定义 install 和 which_os 两个方法，构造函数__init__为 Computer 的实例初始化颜色 color、生产厂商 mnftr 及操作系统 os 属性。然后我们再定义一个新类 Apple，Apple 也是一种 Computer，因此它可以继承 Computer 类的基本属性，但是它的操作系统是 Macintosh，Apple 在自己的构造函数中可直接调用 Computer 的构造函数来设置 color 和 mnftr 属性，同时还可增加新的属性 ilife_installed 等。当然 Apple 类中也可以定义新的函数如 install_ilife。

```
>>> class Computer:
        def __init__(self, color, mnftr):
            self.compu_color = color
            self. mnftr= mnftr
            self.os =""

        def install_os(self, new_os):
            self.os = new_os

        def which_os(self):
            return self.os
```

```
>>> c = Computer("black", "lenovo")
>>> print (c.which_os())                                      #os 为空

>>> class Apple(Computer):                                    #Apple 继承自 Computer 类
        def __init__(self, color):

                Computer.__init__(self, color, "Macintosh")   #继承父类的构造函数，可直接调用
                                                              #调用父类的构造函数
                self.ilife_installed = False                  #增加新属性
        def install_ilife(self):                              #定义新的不同于父类的函数
                self.ilife_installed = True


>>> my_computer = Apple("silver")
>>> your_computer = Apple("white")
>>> my_computer.compu_color
'silver'
>>> your_computer.compu_color
 'white'
>>> my_computer.mnftr
'Macintosh'
>>> print (your_computer.mnftr)
 Macintosh
>>> my_computer.install_os("OS X")
>>> print (my_computer.os)
 OS X
>>> your_computer.os
 ""
```

　　归纳一下继承的特点：子类继承了父类所有的属性和方法，包括构造函数，可以直接在子类中通过父类名和圆点操作符来使用；子类可以重新定义父类中的函数，新函数将覆盖父类的同名函数；子类可以定义自己的实例变量和新的方法，这些都将被子类的实例拥有。这里我们只介绍了一个父类的情况，如果有多个父类，情况要稍复杂些，这里不再展开介绍，可参考面向对象程序设计的相关内容。

7.3　类的设计

　　前面介绍了类的定义方法，类定义时的第一行经常作为类的说明文档，和函数的定义类似，通过说明文字介绍类的功能和主要方法。说明文档在 help(类名)中可以显示出来。编写说明文档是个良好的编程习惯。本节介绍类的设计方法，包括构造函数、类方法的设计和运算符重载等。

7.3.1　构造函数

　　每一个类都有一个特殊的方法__init__()。这个以双下划线开头和结尾的方法在类实例化的时候会自动调用。通常通过该方法为一个新的实例进行初始化，比如设置实例变量的初始值等，因此__init__()也被称为类的构造函数。例如，要定义一个表示圆的类 Circle。圆的关键参

数有圆心的位置和半径长度等，因此在 Circle 类中我们可以定义两个成员变量：圆心点坐标和半径长度。Circle 类定义后，生成实例时通过自动执行构造函数实现对这个具体圆的圆心位置和半径初始化，所以在__init__函数中完成对位置变量和半径变量的赋值就可以做到初始化。和一般函数的参数传递方法类似，给__init__()传参可以用位置参数，也可以用关键字参数。用关键字参数可以设置圆心位置和半径的默认值，这样实例化时即使没有传入圆心的位置和半径参数，也可以用默认值初始化具体的圆。注意，构造函数仅在生成一个实例对象时调用一次。

```
>>> class Circle:
        CIRCLE_NAME='CC'
        def __init__(self, x=0, y=0,r=1):      #用关键字参数形式给构造函数传参
            self.x = x
            self.y = y
            self.r=r
        def show(self):
            print ('The circle is located on (',self.x,',',self.y,')', ',radius is ', self.r)


>>> C1=Circle(1,1,2)                            #生成实例，传入初始化参数
>>> C1.show()
The circle is located on ( 1, 1 ) ,radius is    2
>>> C1=Circle()                                 #使用默认参数生成圆的实例
>>> C1.show()
The circle is located on ( 0 ,0 ) ,radius is    1
```

Python 的类中有两种类型的变量：一种是类变量，一种是对象变量或实例变量。类变量在类中定义，位于所有 def 的最外层，是该类的所有实例都具有的公共属性，如例子中的变量 CIRCLE_NAME，它属于所有 Circle 类的实例。一般类变量名要全部大写。对象变量是通过 self 赋值的变量，self 是实例化时创建的对实例自身的引用，因此对象变量是实例的具体特征，只属于某个具体的实例，不同实例的这个同名变量没有任何关联。构造函数中赋值的变量是对象变量，就本例来说，每一个圆都有自己特定的圆心位置和半径，因此圆心和半径都是对象变量，不能是类变量。

7.3.2　类方法的设计

类中定义的方法有两种方式可以调用。一种是通过类的实例调用，格式如下：

实例名.方法(参数…)

另一种形式是直接通过类名调用，格式如下：

类名.方法(实例，参数…)

一般情况下，人们比较习惯利用实例来调用类的方法。类方法的设计同样要使用 def 语句，与普通函数的定义相似。所不同的是类的函数都有一个隐含参数 self。但是在 Python 中如果成员函数需要用到 self 参数，要求明确在函数参数列表中写出来，不能缺省。

```
>>> class NextClass:
        def printer(self, text):                #定义一个方法，传入两个参数
            self.message = text                 #为实例变量赋值
            print(self.message)
```

```
>>> x = NextClass()                      #生成一个实例
>>> x.printer('instance call')           #通过实例调用方法
instance call
>>> x.message
'instance call'
>>> NextClass.printer(x, 'class call')    #通过类和实例调用方法
>>> x.message                            #同样能够改变实例中的属性
        'class call'
```

类方法也可以有返回值，返回值可以为其他变量赋值。下面再定义一个 Point 类，Point 类就是点的 x 和 y 坐标，并默认初始值为(0,0)。类中定义一个求两个点的中点的方法，传入两个实例点后，该方法返回两点的中点坐标。

```
>>> class Point:
        def __init__(self, x=0, y=0):
            self.x = x
            self.y = y
        def midpoint(p1, p2):
            mx = (p1.x + p2.x)/2
            my = (p1.y + p2.y)/2
            return Point(mx, my)          #返回一个 Point 实例
        def print_point(pt):
            print (pt.x, pt.y)


>>> p=Point(2,2)
>>> q=Point(4,4)
>>> m=Point.midpoint(p,q)
>>> m.print_point()                      #调用实例的方法
    3 3
```

在类的继承机制下，子类能够继承父类的所有方法，子类可通过类方法调用的方式直接使用父类中的方法，和自己定义的方法一样。当然也可以重写父类的方法，从而增加新的特征。重写后将运行子类自己的方法。

```
>>> class Super:
        def method(self):               #父类中有个 method 方法
            print('in Super.method')
>>> class Sub(Super):
        def method(self):               #子类中重写 method 方法
            print('starting Sub.method')
            Super.method(self)          #调用父类中的 method 方法
            print('ending Sub.method')

>>> x = Super()                         #生成父类的实例
>>> x.method()                          #运行父类方法
in Super.method
>>> x = Sub()                           #生成子类实例
>>> x.method()                          #调用子类方法，子类方法中调用父类方法
starting Sub.method
```

in Super.method

ending Sub.method

通常类方法的第一个参数为实例对象 self，这个参数要显式地出现在类方法的参数表中。但是如果一些方法并不需要传递 self 这个实例参数，这种方法可以设计为静态方法（static method）。静态方法就是没有将 self 作为参数的一种简单函数。静态方法常用于操作类的属性而不是实例的属性，因此静态方法只能通过类调用，不能通过生成类的实例来调用。

```
class Method:
    def    inmeth(self,x):                #类的实例方法
        print (self,x)

    def    stmeth(x):                     #类的静态方法
        print (x)


>>> import Method
>>> a=Method()
>>> a.inmeth(0)
0
>>> Method. stmeth (0)                    #静态方法通过类调用
0
>>>a. stmeth(0)                           #静态方法不能通过实例调用
TypeError: unbound method stmeth() must be called with Method instance at first argument
```

7.3.3　运算符重载

为了说明什么是运算符重载，先来看下面关于加号的例子。

```
>>> 2+3
5                      #正常执行
>>> 'ab'+'c'
'abc'                  #正常执行
>>> 'z'+3              #出现异常

Traceback (most recent call last):
    File "<pyshell#2>", line 1, in <module>
        'z'+3
TypeError: cannot concatenate 'str' and 'int' objects
```

+是 Python 的一个普通算术运算符，在交互环境下如果+两侧为两个数值，则计算二者的和，完成正常的加法运算；+如果连接的是两个字符串，也能执行，返回的是两个字符串拼接后的结果。可见，加法运算在字符串类中被赋予了新的功能，这就是运算符重载。运算符重载是对已有的运算符赋予多重含义，针对不同的操作数体现不同的功能。注意，上面的例子中，如果+连接的是一个数字和一个字符串，则给出错误信息，因为基本的+运算不支持一个数字和一个字符串的运算。

在类的继承一节提到了成员函数的重载，也就是在子类中重写父类的函数。运算符重载和函数重载的实质是一样的，都是 OOP 中多态的体现。运算符完成的功能实际上是通过一个函数实现的，执行运算就是调用运算符函数的过程。表 7-1 中部分列出了 Python 常见重载方

法（运算符函数）及调用的例子。

表 7-1　常见重载的方法（运算符函数）

方法	功能	调用举例
__init__	构造函数	X = Class(args)
__del__	析构函数	del instance
__add__	加法运算符	X + Y
__sub__	减法运算符	X-Y，X-=Y
__getitem__	索引	X[key]，for 循环，成员测试 in
__call__	函数调用	X(*args, **kargs)
__getattr__	获取属性值	X.attr
__delattr__	删除属性	del X.any
__len__	求长度	len(X)
__lt__、__gt__	比较运算符	X < Y，X > Y
__le__、__ge__		X <= Y，X >= Y
__eq__、__ne__		X == Y，X != Y
__radd__	右侧加法运算	other+ X
__iadd__	原地增强加法赋值	X += Y
__iter__()、__next()__	迭代环境	I=iter(X)，next(I)

　　我们知道赋值语句中有一种增强赋值语句，可将运算和赋值合二为一。例如 x+=1，表示 x=x+1。但是增强赋值只能用于数值，下面我们通过运算符重载实现单个英文字符原地增强加法赋值，也就是 x 为一个字符时也能进行+=操作。重载增强加法赋值，需要重载__iadd__方法。思路很简单，就是获取字符的 ASCII 码，做加法后再得到相应整数对应的字母。当然这样做有一定的危险，可能不能得到可显示的字符了。实际上这种应用很少，这里只是通过这个例子来说明如何进行运算符重载。

```
>>> class Char_add:
        def __init__(self,val):
            self.val=ord(val)
            self.char=val
        def __iadd__(self,other):
            self.val+=other
            self.char=chr(self.val)
            return self


>>> x=Char_add('a')
>>> x+=1
>>> x.char
'b'
>>> x+=2
```

```
>>> x.char
'd'
```

除了运算符可以重载外，还有很多方法都可以重载。再看一个重载索引的例子。重载索引要重写__getitem__方法。重载索引后，可以得到列表等索引的平方值。

```
>>> class indexer:
...        def __getitem__(self, index):
...            return index ** 2
...
>>> X – indexer()
>>> X[2]                              #X[i] 调用了 __getitem__(X, i)
4
>>> for i in range(5):
           print (X[i], end = ' ')

    0 1 4 9 16
```

迭代对象是按照元素存储次序用__next__方法顺序访问的。下面设计一个逆序迭代器，通过迭代对象的__iter__()方法重载来实现。因为__iter__()方法会返回带有__next__方法的对象，具体实现语句如下：

```
class Reverse:
    def __init__(self, data):
        self.data = data
        self.index = len(data)
    def __iter__(self):
        return self
    def __next__(self):
        if self.index == 0:
            raise StopIteration
        self.index = self.index - 1
        return self.data[self.index]
```

测试结果如下：

```
>>> rev = Reverse('spam')
>>> iter(rev)
<__main__.Reverse object at 0x00A1DB50>
>>> for char in rev:
...        print (char)
...
m
a
p
s
```

本章小结

面向对象程序设计的基本思想是将一组对象的公共属性和方法封装为类。类是包含函数和变量相互作用的一个整体。本章介绍的是 Python 对 OOP 的支持，尽管 Python 并不要求用户程序都做 OOP 设计。

定义类使用 class 语句，类变量和实例变量同一般变量一样通过赋值语句定义，无需声明。定义类中的变量时，注意：双下划线开头和结尾的变量名（如__init__）是 Python 内部有特殊用途的名字；双下划线开头的变量是类的私有变量，不能通过外部访问，只能通过类的内部成员访问。

类的方法同函数的定义方法类似，但是类的方法包括了特殊的 self 参数，它是对实例自身的引用。类方法中要显式地传入 self 方法。在类外部，采用"实例.方法名"和"实例.变量名"的形式调用类方法和实例变量。Python 支持三种方法：实例方法、类方法和静态方法。实例方法属于给定类的实例，通过实例或 self 调用；类方法需要将类本身作为操作对象才能调用；静态方法相当于类中的一个普通函数，也只能通过类来调用。本章还介绍了构造函数、类的继承和运算符重载等 OOP 设计的基本知识。

习题 7

一、选择题

1. 类的定义语句形式正确的是（   ）。
   A．class Classname
        def method:
   B．class Classname():
        def method:
   C．class Classname:
        def method:
   D．class Classname(c1):
        def method:

2. 有如下类定义，描述错误的是（   ）。

```
class A(object):
    pass

class B(A):
    pass

b = B()
```
   A．isinstance(b, A) == True
   B．isinstance(b, object) == True
   C．issubclass(B, A) == True
   D．issubclass(b, B) == True

3. 类的变量外部访问和内部访问的方法分别是（   ）。
   A．class.var self.var
   B．var self.var
   C．var var
   D．class.var var

4. 下面关于类的构造方法的说法正确的有（   ）。
   A．构造方法通常的名字是__init
   B．对象创建时，自动调用构造方法
   C．子类的构造方法重写时，需要调用超类的构造方法才能确保初始化
   D．构造方法可同时传递多个参数

5．Python 让方法和类变量不能从外部访问的方式是（　　　）。

    A．方法和变量名全部大写　　　　　B．方法和变量名前加单下划线

    C．方法和变量名前加双下划线　　　D．方法和变量名前加<

6．一个被子类继承的方法（　　　）。

    A．可以直接调用父类的方法使用

    B．子类中可以重写该方法，但不能被它的子类再继承

    C．子类重写该方法前不能调用父类的方法

    D．子类重写的方法覆盖父类的方法

7．静态方法和类方法的区别是（　　　）。

    A．静态方法没有 self 参数，可以被类直接调用

    B．类成员方法可以用类的具体对象调用

    C．静态方法就是类中的一个普通函数

    D．类方法定义时需要 self 参数

8．下面是关于类的命名空间的一段程序，请将结果填入正确的位置。

```
X=11
def  f():
    print (X)
def  g():
    X=22
    print (X)
class  C:
    X=33
    def m(self):
        X=44
        self.X=55


if __name__='main':
    print (X)          #打印结果是_____
    f()                #结果是_____
    g()                #结果是_____
    obj=C()
    print (obj.X)      #结果是_____
    obj.m()
    print (obj.X)      #结果是_____
    print (C.X)        #结果是_____
```

    A．11　　　　　　B．22　　　　　　C．33　　　　　　D．44　　　　　E．55

二、编程题

1．定义一个矩形类 Rectangle，由矩形的长 L 和宽 W 两个参数构造，矩形类中定义一个方法，用来计算矩形的面积。

2．设计一个三维向量类，并实现向量的加法、减法以及向量与标量的乘法和除法运算。

3．定义一个类 InputOutput，类中至少包括两个方法：一个是 getString，用来接受命令行

窗口输入的字符串；另一个是 printString，将字符串以全部字母大写的形式打印到屏幕上。

4．定义一个 Dog 类，其中定义一个方法 bark()，打印'wo,wow o!'。实例化并调用该方法。

（1）修改 Dog 类的方法，增加一个实例属性 name，打印'wo,wow o! I'm'+name。实例化时传入该属性。

（2）设计 Dog 的构造函数，利用构造函数传入 dog 的 name 和 color。

（3）设计一个新类 GuideDog，继承自 Dog，增加 guide 方法，打印"I am your eyes and can guide you."实例化 GuideDog，名字为"Pal'。调用 guide 方法。

（4）给 Dog 类增加一个类属性 animal='with fur'。尝试修改类的属性。

第 8 章　异常基础

在 Python 的交互环境下执行输入语句，如果不能正确执行，通常有两种原因：一种是语句存在语法错误（SyntaxError），也就是不能被 Python 解释器识别为合法的语句；另一种是语句合法但在运行时出现了错误，这种错误称为异常（Exceptions）。Python 中有完备的异常处理机制，可以用来处理程序运行时遇到的错误，还可以用于给出有效的状态信息或者用来应对难以预料的情况，在必要的时候可以终止程序的运行，实现非常规的控制流程。

本章将学习 Python 的异常处理机制、异常的触发和捕获方法，以及在 Python 程序中如何处理异常。另外介绍和异常相关的环境管理器 with/as。

学习目标

- 熟悉 Python 的异常处理机制。
- 了解触发异常和捕获异常的方法。
- 了解环境管理器的使用。

8.1　触发异常和捕获异常

在交互环境的使用过程中，我们已经遇到过多种错误，比如当使用一个未赋值的变量时返回的 NameError 错误信息；当用加法连接两个不同类型的对象时，返回名为 TypeError 的错误；除法运算中除 0 错 ZeroDivisionError 等。这些错误都是 Python 解释器在试图执行用户脚本时产生的，称为运行时错误（runtime error）。运行时错误也称异常（exceptions）。Python 语言有完备的异常处理机制来处理脚本运行时发生的各类错误。上面提到的交互环境下出现的异常，触发的都是 Python 内置的异常，像 NameError、TypeError、ZeroDivisionError 等都是 Python 内置的异常类名。除此之外，在异常名后往往还有错误位置及其描述信息。

注意到交互环境下触发的异常，第一行提示信息总是：Traceback (most recent call last)。这里 Traceback 的含义是该异常没有被程序捕获和处理，最终回溯到位于顶层的交互环境下，并终止程序的执行，给出异常所在的模块文件名和行号。

```
>>> 4 + spam*3
Traceback (most recent call last):
    File "<stdin>", line 1, in ?
NameError: name 'spam' is not defined
>>> '2' + 2
Traceback (most recent call last):
    File "<stdin>", line 1, in ?
TypeError: cannot concatenate 'str' and 'int' objects
>>> 10 * (1/0)
```

```
Traceback (most recent call last):
    File "<stdin>", line 1, in ?
ZeroDivisionError: integer division or modulo by zero
```

用户编写程序时需要考虑程序在执行过程中可能发生的意外和错误，利用 Python 的异常处理机制处理这些异常事件，从而保证程序的健壮运行。

程序运行过程中，异常可以由实际运行出现的错误自动触发，也可以由语句触发。触发的异常被捕获，就从正常的代码中跳出来。因此异常是可以改变程序控制流程的一种事件。我们可以在程序中设计处理这些异常的方法，或给出错误报告，甚至可以结束整个程序。当然异常处理并不一定意味着要终止程序，如果不是严重错误，异常处理后，程序可以从错误情况下恢复执行。

8.1.1　触发异常

触发异常主要有两种情况：一种是程序执行中因为错误自动引发异常，另一种是显式地使用了异常触发语句 raise 或 assert 手动触发。Python 捕获两种异常的方式是一样的。先来看用 raise 语句手动触发异常，raise 的格式如下：

```
raise  异常类实例
raise  异常类
>>> raise IndexError                          #触发 IndexError 异常类
Traceback (most recent call last):
    File "<pyshell#10>", line 1, in <module>
        raise IndexError
IndexError

>>> raise IndexError()                        #触发 IndexError 类的实例
Traceback (most recent call last):
    File "<pyshell#11>", line 1, in <module>
        raise IndexError()
IndexError

>>> raise NameError('Oops，Error occurs!')    #触发 NameError 并给出描述文字

Traceback (most recent call last):
    File "<pyshell#12>", line 1, in <module>
        raise NameError('Hi，Error occurs')
NameError: Oops，Error occurs!
```

raise 后面是异常名或者异常实例名。Python 内置了很多异常，本书的附录部分也给出了内置异常的简要说明。如果类或实例名缺省，则引发最近发生的异常。除了 Python 内置的异常，还可以用 raise 触发用户自定义的异常类。

断言 assert 是有条件的触发异常，和 raise 语句类似，但是语句中多了一个测试条件表达式，当表达式为真时，没有任何事情发生；当表达式为假时则触发 AssertionError。assert 语句的格式如下：

```
assert  表达式 [,参数]
```

如果给定了参数部分，则在 AssertionError 后将参数部分作为提示信息的一部分给出。

```
>>> def f(x):
            assert x>=0, 'x must be positive'
            return sqrt(x)

>>> from math import *
>>> f(1)                    #x≥0 没有触发异常
1.0
>>> f(-1)                   #x<0 触发异常
Traceback (most recent call last):
    File "<pyshell#8>", line 1, in <module>
        f(-1)
    File "<pyshell#3>", line 2, in f
        assert x>=0, 'x must be positive'
AssertionError: x must be positive
```

assert 常用于开发期间检查程序状况和约定的数据类型等，一般不用来捕获程序内部的错误，因为程序运行时的错误将自动触发异常。

8.1.2 捕获异常

为了捕获异常，常常把可能会出现异常的代码置于 try 语句下。try 可以捕获语句块中发生的所有异常类。try 语句的格式如下：

```
try:
    代码或 raise/assert 语句
except [异常名]:
    处理异常的语句
except [异常名] as 变量名:
    以变量名为参数的异常处理语句
[else:
    语句块]
```

try 语句块中捕获的各种异常由 except 分句来分别处理。except 分句后写明本分句处理的异常名称，冒号后书写相应的处理语句。else 部分可选，是没有异常捕获时要执行的语句块。使用 try/except 语句捕获处理异常需要注意以下几个要点：

（1）每一个 try 至少要有一个相关联的 except 分句。

（2）一个 try 中可以放置多个可能产生异常的语句，其中任何语句都可以引发异常而被相应的 except 捕获。

（3）except 后带有异常名称的，其中的处理语句便是针对该异常的处理。可以同时有多个异常名称，多个异常名字都放在 except 后面的括号中，之间用逗号分开，这样只要捕获到其中任何一个异常就会执行处理语句块。

（4）没有给出任何异常名称的 except 分句用于处理所有没有预先列出的异常。因此不带异常名称的 except 分句一般要放在带异常名称的 except 之后，因为不带异常名称的 except 将屏蔽掉后面带异常名称的 except，那些 except 将不被执行。

（5）一个异常被一条 except 分句处理后，就不会被其他 except 分句再处理了。也就是排在前面的分句优先级高。

（6）try 不仅能捕获异常，当异常得到处理后还会回到 try 语句后继续运行，而不是被 Python 终止。

如果产生一个异常但没有被捕获并得到处理，它将一直向上传递，最终到模块的最顶层或由 Python 默认的异常处理器来处理。先看一个最简单的在交互环境下手动触发错误的例子。try 捕获由 raise 人为触发的列表索引出界错误 IndexError，在 except 分句中处理这个错误，打印出一个字符串。

```
>>> try:
        raise IndexError
    except IndexError:
        print('Manually raised exception')


Manually raised exception
```

再看一个稍微复杂点的例子。假设我们的程序需要接受用户的输入信息，但输入信息可能不是程序要求的类型，比如程序只能处理数字，但用户可能输入其他的类型。我们将输入语句放在 try 语句中，并用 except 捕获 int 函数在对输入内容转换时引发的 ValueError，当输入的内容不能被 int 函数转换为整数时会触发异常，except 将捕获这个异常。这里我们简单地打印一串信息作为异常处理。在交互环境下实现上述任务的脚本如下：

```
>>> while True:
        try:
            x = int(input("Please enter a number: "))
            break
        except ValueError as err:
            print ("Oops! That was no valid number.  Try again...", err)


    Please enter a number: x
Oops! That was no valid number.  Try again... invalid literal for int() with base 10: 'x'
Please enter a number: 5
    >>>
```

再看一个由脚本运行时触发异常的例子。定义一个函数 adderror，打印两个数据相加的结果。把函数置于 try 语句中，捕获加法运算中由于数据类型不一致触发的类型异常 TypeError。用 except 捕获并处理类型异常后，程序没有终止，而是继续执行最后一条打印语句。编辑下面的代码并保存为 errortry.py 文件。

```
def  adderror(x, y):
    print(x + y)                    #定义一个加法函数

try:
    adderror ([0, 1, 2], 'spam')    #数据类型引发异常
except TypeError:                   #处理捕获到的异常类型
    print ('Hello TypeError!')
print ('Resuming here')             #异常
```

在命令行中运行 errortry.py 的结果如下：

```
C:\ python35\python errortry.py
Hello TypeError
```

Resuming here

当然如果没有异常发生，程序也会继续执行最后的打印语句。所以，没有异常发生和异常处理后都可以使得程序继续运行。为了区分这两种情况，可以编写 else 子句。当 try 没有捕获到异常时就执行 else 子句。

除了 except 和 try 搭配使用来捕获异常，还有 try/finally，语句格式如下：

```
try:
    可能触发异常的语句
    finally:
        语句
```

如果 try 没有捕获到异常，就会执行 finally 分句部分，然后程序继续执行；如果有异常发生，也会执行 finally 部分，但会将异常抛出。异常如果被本地 except 捕获就被处理，否则传给上层的 try，如果没有处理就一直传递到程序的顶层，最后由 Python 内置的异常处理器处理并终止程序的运行。try/finally 常用于清理操作，比如文件读写操作，不论读写过程有无异常，最后文件都要执行关闭操作，因此可以在 finally 部分安排关闭文件的语句。

except、else 和 finally 都可以和 try 语句组合，但要注意书写的次序。这样可以得到异常捕获语句的一个统一的格式，如下：

```
try:
    可能触发异常的代码或 raise/assert 语句
except  异常名称:
    处理语句块
[except  异常名称  as  变量名:
    处理语句块  ]
[else:
        …      ]
[finally:
        …    ]
```

最后这个例子中包含了异常捕获和处理的多种情况。通过下面这个例子可以让大家对异常的捕获和处理有较完整的了解。编辑以下脚本建立一个文件，命名为 testerror.py。

```python
sep = '-' * 45 + '\n'
print(sep + 'EXCEPTION RAISED AND CAUGHT')
try:
    x = 'spam'[99]
except IndexError:
    print('except run')
finally:
    print('finally run')
print('after run')
print(sep + 'NO EXCEPTION RAISED')
try:
    x = 'spam'[3]
except IndexError:
    print('except run')
finally:
    print('finally run')
```

```
    print('after run')
    print(sep + 'NO EXCEPTION RAISED, WITH ELSE')
    try:
        x = 'spam'[3]
    except IndexError:
        print('except run')
    else:
        print('else run')
    finally:
        print('finally run')
    print('after run')
    print(sep + 'EXCEPTION RAISED BUT NOT CAUGHT')
    try:
        x = 1 / 0
    except IndexError:
        print('except run')
    finally:
        print('finally run')
    print('after run')
```

在命令行中运行脚本 C:\python35> python　testerror.py，运行结果为：

```
---------------------------------------------
EXCEPTION RAISED AND CAUGHT
except run
finally run
after run
---------------------------------------------
NO EXCEPTION RAISED
finally run
after run
---------------------------------------------
NO EXCEPTION RAISED, WITH ELSE
else run
finally run
after run
---------------------------------------------
EXCEPTION RAISED BUT NOT CAUGHT
finally run
Traceback (most recent call last):
File "mergedexc.py", line 39, in <module>
x = 1 / 0
ZeroDivisionError: division by zero
```

8.2　用户定义的异常类

异常 Exception 在 Python 中是一种类对象，Python 内置的基本异常类都是继承了 Exception

这个基类，还有 BaseException。Python 内置的异常类也分基类和派生类，大部分异常都是 Exception 和 BaseException 的派生类。每次触发异常将生成一个异常类的实例。除了使用 Python 内置的异常类，用户也可定义自己的异常类，基于异常基类设计新的异常类，使得用户可以处理一些特殊的错误。下面先看如何定义异常类。异常类的定义与一般类对象的定义方法类似，不过一般都直接或间接地继承自基类 Exception。下面是一个简单的定义用户异常类的例子。

```
>>> class MyError(Exception):
...     def __init__(self, value):
...         self.value = value
...     def __str__(self):
...         return repr(self.value)
...
>>> try:
...     raise MyError(2*2)
...   except MyError as e:
...     print ('My exception occurred, value:', e.value)
...
My exception occurred, value: 4
```

例子中我们定义一个名为 MyError 的异常类，用户定义的异常类一般也是首字母大写的字符串。在类中我们重写了构造函数 __init__，简单传入一个值。测试这个异常类时，我们在交互环境下用 raise 语句触发自定义异常，并用 except 捕获它。大部分情况下，可以在异常处理中直接使用内置的异常类。

8.3　with/as 环境管理器

with 可以和 as 一起用于定义一个有终止或清理行为的情况，as 部分可以缺省。with/as 可作为 try/finally 异常处理的替代。with 的语句格式如下：

```
with 表达式 [as 变量名]:
    语句块
```

with 后面的表达式的结果将生成一个支持环境管理（context manage）协议的对象，该对象中定义了 __enter__() 和 __exit__() 方法。在 with 内部的语句块执行之前调用 __enter__() 方法运行构造代码，同时如果在 as 中指定了一个变量，则将返回值和这个变量名绑定。当 with 内部语句块执行结束后，自动调用 __exit__() 方法，同时执行必要的清理工作，不管执行过程中有无异常发生。

with/as 最常见的应用就是文件操作。用 with/as 打开文件，可以不必有显式的文件关闭操作，在 with 语句块执行后系统将自动关闭文件，不论文件处理过程中是否触发异常。例如：

```
with open(r'c:\python\mylab\my.txt') as myfile:
    for line in myfile:
        print (line)
    …
```

这相当于把文件读取的 for 循环结构置于 try/finally 语句中，finally 中放置了关闭文件的语句。

```
myfile= open(r'c:\python\mylab\my.txt')
try:
    for line in myfile:
        print (line)
    …
finally:
    myfile.close()
```

with/as 把代码用环境管理器进行了包装，由环境管理器处理代码块执行的入口、出口和需要的运行时上下文，定义了代码进入环境和离开环境的行为。更多关于环境管理器的内容可以参见 Python 手册。

本章小结

本章介绍的 Python 处理异常的语句主要是：try/except、try/finally、raise、assert、with/as。当认为某些代码可能会出错时，可以把代码段放在 try 语句块中。如果执行 try 语句块时出错，后续代码不会继续执行，而是直接跳转至错误处理代码，即和 try 对应的 except 分句，针对具体的异常执行相应的处理，执行完 except 后，如果有 finally 语句块，则执行 finally 语句块。else 分句的作用是区分有无异常触发，没有异常产生时 else 部分将被执行。如果一个异常没有在触发处得到处理，则会一直向上传递，直到得到处理或到达模块的顶层和 Python 的异常处理器，最终输出一个错误信息并退出程序的运行。Python 的异常处理机制相比很多高级语言显得更简洁。

习题 8

一、选择题

1. 试图打开不存在的文件时会触发的异常是（　　）。
   A．KeyError　　　　B．NameError　　　C．SyntaxError　　　　D．IOError
2. 捕获异常，可以（　　）。
   A．利用 try/except 实现　　　　　　　B．利用 try/finally 实现
   C．用一个块捕获多个异常　　　　　　D．在异常中访问对象，同时程序继续运行
3. 捕获异常时使用 else 分句，用于（　　）。
   A．处理异常　　　　　　　　　　　　B．没有异常时做的工作
   C．不满足 if 条件时　　　　　　　　　D．处理异常同时还做的工作
4. 函数内部的异常（　　）。
   A．如果不被处理，会传播到调用函数
   B．可能传播到主程序中
   C．可能使程序终止
   D．只影响调用函数，不会影响主程序
5. 下面代码的运行结果是（　　）

```
a = 1
try:
    a += 1
except:
    a += 1
else:
    a += 1
finally:
    a += 1
print(a)
```
A. 2   B. 3   C. 4   D. 5

二、编程题

1. 编写一个函数，其中可能包括除以 0 的计算，然后将函数放在 try/except 语句中，捕获异常 ZeroDivisionError。不管是否异常，都打印字串" I can catch errors!"

2. 假设需要遍历一个 20 个元素构成的列表，但是这个列表是由用户输入的，也许列表没有 20 个元素。因此，当遍历到列表的尾部时，如果不到 20 个元素，可以认为其他元素均为 0。编写这样一段能够处理这种异常的程序。

3. 编写函数 test(password, earning, age)用于检测输入错误。要求输入密码 password 第一个符号不能是数字，工资 earnings 的范围是 0～20000，工作年龄的范围是 18～70。使用断言来实现检查，若三项检查都通过则返回 True。

第 9 章　程序实例和调试

本章将给出几个 Python 程序设计的实例，是对前面核心知识的综合运用。本章介绍程序实现的思路，并在关键脚本处作了注释。学习程序设计首先从阅读分析程序开始，循序渐进地学习编写程序。最后一节介绍了程序调试的基础知识和方法，作为学习 Python 高级程序设计的引领知识。

9.1　英文单词词形还原

1. 任务

英文单词在使用中有词形变化，比如名词有复数形式，动词有第三人称单数、过去式、过去分词、现在分词等。编写一段程序，借助一个词表文件，对用户输入的一个英文单词进行词形还原，显示对应的原型词。对于不在词表文件中的单词，就返回原单词。

设词表文件名为 lemma.txt，词表文件的格式如下：

```
allow -> allows,allowing,allowed
army -> armies
……
```

2. 分析

词表文件中原型词和各种词形变化通过->分隔开，各个变形词之间有 ", " 分隔，因此可以使用 split 函数分割得到。为了快速检索，根据原型词和变形词构建一个字典，变形词作为字典的 key，原型词作为字典的 value。再利用字典的 get 方法检索，如果在字典中，就打印出对应的值，也就是还原后的单词；如果 get 方法返回 None，则打印键，即不做任何处理返回原来的单词。

3. 实现

```python
DIC=dict()
with open(r'D:\transcore\e_lemma.txt') as f:
    a=f.readline()
    while a:
        s=(a.strip()).split(" -> ")      #根据箭头分开原型词和变形词
        s=(",".join(s)).split(",")       #再根据逗号分割，列表的第一个词为原型词
        for i in range(1,len(s)):
            DIC[s[i]]=s[0]               #构建字典

        a=f.readline()

p=1
while p:
    p=input("please input a word: ")
```

```
    p=(p.strip()).lower()
    if not p: break
    if DIC.get(p):
        print ('The lemmatized word of ',p,'is: ',DIC[p])
    else:
        print ('Not found in dictionary, return itself:', p)
```

9.2　嵌套的同音单词

1. 任务

英文单词中有的单词中嵌套着一个发音相同的单词，也就是说部分字母不发音。下面这个程序就是查找有这个特点的单词。

2. 分析

将程序功能分模块设计。模块设计的优势是可以简化任务、代码重用，并且程序的结构也更清晰。例子中将同音词查找任务分为构建发音字典的模块和检查同音主程序两部分。构建发音字典是根据一个文件得到单词及其基本发音的对应关系，形成字典数据结构。如果一个单词存在多种发音，则在单词键后添加数字，再和发音值对应。例如：

```
ZIAD    Z IY1 AE0 D
ZIAD(2)    Z IY1 AY1 EY1 D IY1
ZIAD(3)    Z AY1 AE0 D
```

3. 实现

（1）构建发音字典的脚本。

```
def read_dictionary(filename='c06d.txt'):
    """读入文本文件 c06d.txt，文件的格式为
    单词    音节
    如：
    ABOVE    AH0 B AH1 V·
    返回：单词到发音的映射，即返回一个字典类型
    """

    d = dict()
    fin = open(filename)
    for line in fin:
        if line[0] == '#': continue        ##后的为注释部分，忽略
        t = line.split()
        word = t[0].lower()                #第一项为单词
        pron = ' '.join(t[1:])             #第二项后为发音的音节
        d[word] = pron                     #存入字典

    return d


    if __name__ == '__main__':
        d = read_dictionary()              #测试脚本
```

```
        for k, v in d.items():
            print (k, v)
```

将文件存为 pronounce.py。其中的函数 read_dictionary 被导入模块用于加载发音字典。

检查同音主程序包含以下函数：构建单词字典函数 make_word_dict（嵌套同音词首先必须是一个合法的单词，因此通过一个单词文件构建合法单词字典）、同音词检测函数 homophones（如果音节相同，返回音节，否则返回 False）、check_word（用于检查嵌套同音词）。

（2）检查同音的脚本程序。

```
from pronounce import read_dictionary        #导入字典模块

def make_word_dict():
    """ 从 words.txt 文件读入单词，words.txt 为常用单词文件（单词下载地址为
    http://www.puzzlers.org/pub/wordlists/unixdict.txt）。返回所有单词形成的字典，也就是合法单词的字
    典"""
    d = dict()
    fin = open('words.txt')
    for line in fin:
        word = line.strip().lower()
        d[word] = word

    return d


def homophones(a, b, phonetic):               #同音词检测，检查两个单词的音节是否相同
    """
    如果单词不在发音字典中，返回 False
    参数说明：
    a、b：传入的两个单词
    phonetic：发音字典
    """
    if a not in phonetic or b not in phonetic:
        return False

    return    phonetic[a] == phonetic[b]


def check_word(word, word_dict, phonetic):
    """检查嵌套的同音词，按照以下步骤：
        当第一个字母不发音时，删去第一个字母后得到的单词是否同音；
        第二个字母不发音时，删去第一个字母后得到的单词是否同音。

    word：要检查的单词，字符串
    word_dict：单词字典
    phonetic：发音字典
    """
```

```
        word1 = word[1:]
        if word1 not in word_dict:
            return False
        if not homophones(word, word1, phonetic):
            return False

        word2 = word[0] + word[2:]
        if word2 not in word_dict:
            return False
        if not homophones(word, word2, phonetic):
            return False

        return True


if __name__ == '__main__':
    phonetic = read_dictionary()
    word_dict = make_word_dict()

    for word in word_dict:
        if check_word(word, word_dict, phonetic):
            print (word, word[1:], word[0] + word[2:])
```

将文件保存为 homo.py，运行结果如下：

```
>>>
llama lama lama
llamas lamas lamas
scent cent sent
```

9.3　网络爬虫

1．任务

网络爬虫是一种抓取网页信息的工具，提取指定 URL 的网页内容。

2．分析

下面是最基本的网络爬虫的实现。在网络爬虫中需要安装的核心模块有 requests 和 BeautifulSoup4 等。通过 requests 模块访问指定 URL 的网络文件，并通过模块内的 get 函数实现读取、下载等操作。关于 requests 模块的详细介绍可访问 http://docs.python-requests.org。

BeautifulSoup4 是一个用于解析和处理 HTML 或 XML 文档的模块，可以从网站 http://curmmy.com/software/BeatifulSoup/bs4 下载，或者利用 pip install BeautifulSoup4 命令安装。BeautifulSoup4 中最主要的是 BeautifulSoup 类，利用 BeautifulSoup()可创建一个 BeautifulSoup 的实例对象，调用对象的各种属性就可获取网页的相应内容，比如网页的 head、title、body、p、strings 和 stripped_strings 等。

3．实现

下面这段程序实现了对豆瓣网 top250 书单的爬取，获得每本书的名称、作者、价格、评分、简述以及书的封面图。读者可以在此基础上对书的相关信息进一步分析处理。

```python
import requests
import time
import random
from bs4 import BeautifulSoup
import re
import csv


def get_topbooks():
    '''获取豆瓣 top250 书单中每本书的名称、作者、价格、评分、简述'''
    book_list = []                          #所有书籍信息的列表
    p = 0
    while p <= 225:
        url = 'https://book.douban.com/top250?start=' + str(p)
        print(url)
        html = requests.get(url)
        if (html.status_code == 200):
            soup = BeautifulSoup(html.text, "html.parser")
            books = soup.findAll('td', {'valign': 'top'})
            print('正在下载第' + str(int(p / 25 + 1)) + '页')
            name_list=[]                    #一页中图书名字的列表
            for book in books:
                if book.find('div', {'class': re.compile(r'pl[2]{1}')}) == None:
                                            #防止查找不到时出现错误
                    continue
                name = book.a['title'].strip()        #找到书名
                detail = book.find('p', {'class': 'pl'}).get_text().split('/')
                                            #找到书籍的其他信息
                author = detail[0].strip()            #找到作者
                if len(detail) == 5:                  #可能存在译者的情况
                    price = detail[4].strip()
                else:
                    price = detail[3].strip()
                score = book.find('span', {'class': 'rating_nums'}).get_text().strip()
                                            #找到评分
                if book.find('span', {'class': 'inq'}) == None:
                                            #防止出现不存在简述的情况
                    continue
                else:
                    quote = book.find('span', {'class': 'inq'}).get_text()
                book_list.append([name, author, price, score,quote])
                                            #将书籍信息读入 book_list 列表
```

```
                    name_list.append(name)

                                                #下载并储存书的图片
            pics=soup.select('a > img')
            for i in range(len(name_list)):
                pic_url=pics[i].get("src")
                path ='c:\\python35\\Users\\python_crawler\\cover\\'+ name_list[i]+'.jpg'
                img=requests.get(pic_url)
                with open(path, 'wb') as f:
                    f.write(img.content)
                    f.flush()
            p = p + 25
        else:
            print('出现异常')
    print('完成下载')

                                            #保存书的相关信息到文件
    headers = ['图书名字', '作者', '价格', '评分','简述']
    with open(r'c:\python35\Users\python_crawler\books.csv', encoding='UTF-8', mode='w') as f:
        f_csv = csv.writer(f)
        f_csv.writerow(headers)
        for book in book_list:
            f_csv.writerow(book)


if __name__ == '__main__':
    get_topbooks()
```

9.4   多线程文件写入

1. 任务
●   使用多线程写入文件。
●   使用多线程锁保护共享的数据，同一时间只能有一个线程来修改共享的数据。
●   判断文件是否存在，不存在文件的话，创建文件开始写入，存在的话增加数据。
●   重写 write 方法，保证 print 数据写入文件，print 默认调用的是 sys.stdout.write()。
2. 实现

```
import codecs
import sys
import time
from threading import Thread, Lock
import os
```

```python
class TraceLog(Thread):
    def __init__(self, logName):
        super(TraceLog, self).__init__()
        self.logName = logName
        self.lock = Lock()
        self.contexts = []
        self.isFile()

    def isFile(self):
        if not os.path.exists(self.logName):
            with codecs.open(self.logName, 'w') as f:
                f.write("this log name is: {0}\n".format(self.logName))
                f.write("start log\n")

    def write(self, context):
        self.contexts.append(context)

    def run(self):
        while 1:
            self.lock.acquire()
            if len(self.contexts) != 0:
                with codecs.open(self.logName, "a") as f:
                    for context in self.contexts:
                        f.write(context)
                del self.contexts[:]        #注意不能忘记清空
            self.lock.release()


class Server(object):
    def printLog(self):
        print("start server\n")
        for i in range(10):
            print(i)
            time.sleep(0.1)
        print("end server\n")


if __name__ == '__main__':
    traceLog = TraceLog("main.log")
    traceLog.start()
    sys.stdout = traceLog
    sys.stderr = traceLog
    server = Server()
    server.printLog()
print('yes')
```

9.5　程序调试

程序中常存在多种类型的错误，主要包括语法错误、运行时错误和语义错误三类。

（1）语法错误：也称编译错误，是指 Python 解释器试图将源代码语句翻译为可执行码时发生的错误。语法错误表明程序不合乎 Python 的语法要求，比如使用了一个没有定义的变量名、在函数定义语句后面缺少冒号、括号没有配对等。解释器反馈的语法错误信息经常为 SyntaxError: invalid syntax。

（2）运行时错误：指程序运行过程中引发的异常。大部分运行时错误信息包含有错误发生位置和正在执行函数的名称等。例如无限递归将导致"maximum recursion depth exceeded." 错误提示，打开文件时没有找到文件，以及数组越界错误等都属于运行时错误。

（3）语义错误：也称逻辑错误，指程序能够运行但没有得到预期的运行结果。

Python 程序调试首先要明确发生了哪一类的错误，再分别用不同的方式处理和解决。

9.5.1　语法错误

语法错误是较容易发生，但也较容易解决的一种错误。Python 解释器对于脚本中的语法错误都能给出一定错误描述和错误编号，不过一些情况下这些描述并不一定准确，也不能为排错提供足够多的信息。我们可以根据错误信息初步定位错误的位置，再去阅读分析语句。有时候，错误位置描述的行号也不准确，可能错误发生在该行的前面。

遇到难以定位的错误，建议分块调试程序，逐步排查错误位置。IDLE 环境提供了友好的编程环境，针对 Python 的关键字、不同数据类型和内置函数等都以不同的颜色显示，这可以为避免语法错误提供很多线索。学习 Python 经常发生的语法错误有：

- 语句缩进不严格，虽然不要求缩进的多少，但一定要一致，不能混用缩进量。
- 复合语句如 while、for 和 def、class 等的后面缺少冒号。
- 字符串常量要用引号括起来。
- 不配对的各种括号，如()、{}、[]等。

有时也会发生怎么也找不出错误所在的时候，这时候可以查看一下运行的脚本是否和修改的脚本是一个脚本，或者将可疑的脚本放到程序开头部分，试试能否执行。一般来讲，语法错误是比较容易排除的。

9.5.2　运行时错误

很多情况下，没有语法错误的脚本运行时也不一定能得到满意的结果，经常没有任何结果或者挂掉。运行时错误可能来自无限循环或无限递归，因此首先查看和确保循环结构能够经过有限次执行后退出，或者检查退出的条件在某种情况下一定能够满足。

运行时错误还包括程序执行过程中因为异常而退出的情况，比如被 0 除、引用了一个不存在的列表位置等。因此，编程时尽量通过一些测试语句保证引用位置是存在的。比如，使用字典的 D.get(key)方法或者用 in 成员测试后获取 key 对应的值，而不是直接用 dict[key]这种形式直接读取。编写代码时，对于可能发生错误的地方，还可以放在 try/except 语句中，设计异常机制来处理可能发生的运行时错误。这些是经常使用的应对运行时错误的办法。

运行时错误最终都会被最顶层的异常错误处理机制捕获而告知 traceback 异常和错误的行号等信息。常见的几个运行时错误及其原因说明如下：

（1）NameError：名字错误。使用了没有定义的变量名，或者在当前命名空间中无法找到该变量。函数内部和模块内部的变量都具有 local 的特点，不能在函数外使用内部定义的变量，除非声明为 global 的变量。模块导入的方法不同，使用其内部的变量和函数的方法也不同。

（2）TypeError：类型错误。可能出现类型错误的情况有：

● 　不正确使用值，比如没有用索引访问列表、字符串和元组。

● 　格式化字符串中的格式类型和数据类型不一致，如%f 对应了一个字符串。

● 　函数传递参数时，实参和形参的类型或位置不对应。

（3）KeyError：键值错误。试图读取一个字典中不存在键对应的值。

（4）AttributeError：属性错误。试图使用一种不存在的方法或属性。

（5）IndexError：索引错误。这种错误一般发生在使用列表、字符串或元组时。要想避免此类错误，可以用 len 函数先获得对象的长度后再进行遍历。

更多 Python 内置异常及简单说明参见附录。

9.5.3　语义错误

语义错误是在没有发生前面两种错误的情况下，程序的运行结果仍不是预想时发生。语义错误经常是和任务相关的，相对语法和运行时错误较难发现和排除。一般需要在了解程序的功能和实现方法的基础上才能进行语义排错。

检查语义错误的方法可以通过分析脚本设计框架，在特定位置添加一些 print 函数，将运行中关键点的结果逐步输出，进而确定错误位置。如果程序十分复杂，将程序分块后逐步调试也是一种排除错误的做法，最后再综合调试。因此，程序模块化是一种良好的设计思路。

最后良好的编程习惯也将大大减少语义错误，比如适当添加注释、表达式中使用括号明确运算顺序等。

9.5.4　程序调试工具

Python 程序调试包括静态调试和动态调试两种。Pdb 是 Python 自带的调试包，尽管简单，但是提供了常用的调试手段，主要功能包括：

（1）设置断点。

（2）单步调试。

（3）跟踪函数执行。

（4）查看当前代码。

（5）查看栈片段。

（6）动态修改变量的值。

Pdb 的常用调试命令有：

（1）l：查看代码的上下文。

（2）p 变量名：监视变量的变化。

（3）n：单步执行语句。

（4）b 行号：在行号位置加入断点。

（5）c 行号：执行到指定行号。

（6）r：函数返回。

（7）s：进入函数内部跟踪执行。

（8）q：退出。

在 IDLE 环境下，选择 debug→debugger 菜单命令就会打开调试环境。

另外针对 Python 的集成开发环境中也提供了更友好和功能更强的调试手段，应用较多的调试工具有免费的 Pycharm 商用的开发工具 Wing 和 Komodo。

附录 A

A.1 Python 2.7.x 和 Python 3.x 的主要差别

Python 2.0 是 2008 年发布的版本，而 Python 2.7 是在 2010 年发布的。2.7 版本是 2.x 的终结版，之后推出的都是 3.x 版本，到 2016 年发布了 Python 3.6。据说推出 3.x 是为了使 Python 更加易用，并增强对字符的处理功能，以体现这种语言的发展趋势。Python 3.x 和 Python 2.7.x 版本有较大的差异，两者不兼容，因此基于 2.7.x 开发的一些模块都不能直接用在 3.x 版本中。目前支持 Python 2.x 的模块的数量还有一些，而 Python 3.x 的模块越来越多。为方便读者应用，这里汇总一下两者的主要差异。更多 Python 3.x 新特征请参见 Python 创建者之一的 Guido van Rossum 文档：https://docs.python.org/3/whatsnew/3.0.html。

1. print: 函数还是语句

print 的差别也许是 Python 3.x 和 Python 2.7.x 最大的差异。Python 2.7.x 中 print 是语句，而 Python 3.x 中为函数，简单地说，Python 3.x 中要打印的内容必须放在()内。但对 Python2.7.x 而言，括号却是可有可无的。例如：

```
print                                #Python 2.7.x，打印到新的一行
print()                              #Python 3.x，打印到新的一行

print    "The answer is", 2*2        #Python 2.7.x
print ("The answer is", 2*2)         #Python 3.x

print "some text,"                   #Python 2.7.x，下一行输出到同一行
print("some text,", end=" ")         #Python 3.x 输出到同一行，由 end 参数设定间隔符

print >>sys.stderr, "fatal error"    #Python 2.7.x，输出重定向
print("fatal error", file=sys.stderr)  #Python 3.x，输出重定向

print (1,2)                          #Python 2.7.x，输出元组
(1, 2)
print (1,2)                          #Python 3.x，输出两个值
1 2
```

2. input: 输入函数

Python 2.7 中键盘输入内容分为 raw_input()和 input()两个函数，前者只接受文本输入。在 Python 3.x 中只有 input()，统一将用户的输入存储为字符串对象。如果需要转换为输入内容原本的含义，可以用 eval()函数。eval 函数的作用就是将字符串形式的表达式还原为表达式原来的含义。

```
Python 2.7.x
>>>my_input = input('enter a number: ')
 enter a number: 123
```

```
>>> type(my_input)
<type 'int'>
>>> my_input = raw_input('enter a number: ')
  enter a number: 123
>>> type(my_input)
<type 'str'>
Python 3.x
>> my_input = input('enter a number: ')
enter a number: 123
>>> type(my_input)
<class 'str'>
>>> my_input = eval(input('enter a number: '))
enter a number: 12.56
>>> type(my_input)
<class 'float'>
```

3. 真正的除法

Python 3.x 中的整数类型 int 相当于合并了 Python 2.7.x 中的 int 和 long int，也就是 Python 3.x 不再使用 l 和 L 后缀说明长整型。Python 2.7.x 的除法，两个整数的结果为整数，例如 3/2=1，浮点数除法的结果为浮点数，如 3/2.0=1.5。在 Python 3.x 中修正了这个地方，使得 3/2=1.5。两个版本都支持 floor 除法//，3//2 在 Python 3 和 Python 2.7 中的结果是相同的。

4. range 和 xrange

range 在 Python 3.x 中和 Python 2.7 的 xrange 实现方式相同，返回体现更高效内存利用率的迭代，而不是列表，并且删去了 xrange 函数。

```
Python 2.7.x
>>> range(10)
[0, 1, 2, 3, 4, 5, 6, 7, 8, 9]
>>> xrange(2)
xrange(2)
>>> type(xrange(2))
<type 'xrange'>

Python 3.x
>>> type( range(10))
<class 'range'>
 >>> xrange(2)
Traceback (most recent call last):
  File "<pyshell#3>", line 1, in <module>
    xrange(2)
NameError: name 'xrange' is not defined
```

5. 返回列表还是迭代对象

- zip()
- filter()
- map()
- dict.keys()

- dict.values()
- dict.items()

这些函数在 Python 2.7.x 中返回的是列表，而在 Python 3.x 中返回迭代对象，即支持 next 函数的对象，如果需要列表结果，可以利用 list 函数转换得到。在 Python 2.7.x 中常用 k=dict.keys() 获取字典键再用 k.sort() 排序的方法，在 Python 3.x 中不能用了，推荐使用 k=sorted(dict)。

```
>>> D={'a':1,'b':2,'c':3}          #Python 2.7.x
>>> k=D.keys()
>>> k.sort()
>>> k
['a', 'b', 'c']


>>> D={'a':1,'b':2,'c':3}          #Python 3.x
>>> D.keys()
dict_keys(['a', 'c', 'b'])
>>> k=sorted(D)
>>> k
['a', 'b', 'c']
```

6. next: 函数还是方法

在 Python 2.7.x 中函数形式 next() 和方法形式 .next() 都可以使用，而在 Python 3.x 中，迭代器的 next 函数重命名为 __next__。在 3.x 中只能使用 next() 函数，不能再使用 .next() 方法，否则触发 AttributeError 异常，使用 next(x) 函数将调用 x.__next__。

7. 无意义的比较运算: 异常还是 False

比较运算 <、<=、>、>= 当是两个无意义的比较时，例如 1<''、0>None、None<None 等，Python 3.x 将抛出异常 TypeError，而不是像 Python 2.x 中返回 False。但是，当两个类型不一致的对象做 == 和 != 运算时，还是返回不相等的。另外，Python 3.x 中不等比较为 !=，删去了 <> 运算符。

8. unicode

Python 3.x 全面支持 unicode 的 UTF-8 编码，不必显式地用 u'…' 形式说明 unicode 文本，二进制数据还是要用 b'…' 说明的。用 open 打开文件时，缺省为 unicode 编码的文本文件，二进制文件还是需要使用参数 b。而在 Python 2.7.x 中将字符保存为 unicode 格式时，需要显式地用 u 说明。

9. 字符串的格式化

除了传统的格式化输出方式 % 外，Python 3.x 还增加了一个新的字符串方法 format。format 方法将需要拼接的字符串字段放在大括号 {} 中，前面不需要加 %。替换字段作为 format 的参数，参数可用位置参数和关键字参数两种方式给出。例如：

```
>>> "{0}   {1}   {x}". format('I am ', 20, x='years')
'I am   20   years'
```

10. nonlocal 语句

nonlocal 语句是 Python 3.x 中的新语句，用于声明非局部的变量，可以用于外层作用域，这里外层作用域并不是 global。参见第 5 章。

11. 集合和解析

集合表示为{1,2,3}的形式，{}表示空字典，Python 2.7.x 中空集合为 set([])，在 Python 3.x 中空集合表示为 set()。Python 3.x 支持集合解析操作：{x for x in stuff}，也支持字典解析。而列表解析的形式[... for var in item1, item2, ...]不再被3.x支持，取而代之的是[... for var in (item1, item2, ...)]形式。

12. 扩展可迭代解包

赋值语句中，Python 2.7.x 要求=左侧变量数目等于右侧的项数，否则触发异常。Python 3.x 在赋值时可以利用扩展可迭代解包用带*的变量收集剩余项。具体参见赋值语句部分。

13. 异常处理的语法

异常处理中的 except 分句语法形式在 Python 2.7.x 中为"except 异常名, 变量"，Python 3.x 中改为"except异常名 as 变量"。

14. 其他差异

（1）Python 2.7.x 的 reduce 函数在 Python 3.x 中被移到 functools 模块。

（2）Python 2.7.x 的 reload 函数在 Python 3.x 中被 exec 函数代替。

（3）Python 2.7.x 的 dict.has_key 被移除，在 Python 3.x 中被成员测试 in 代替。

A.2 Python 中的保留字

Python 中的 33 个保留字（reserved words）不能作为用户使用的变量名，否则引起歧义。保留字的大小写形式也很重要，不能改变。Python 是大小写敏感的语言。

False	class	finally	is	return
None	continue	for	lambda	try
True	def	from	nonlocal	while
and	del	global	not	with
as	elif	if	or	yield
assert	else	import	pass	
break	except	in	raise	

A.3 Python 内置异常

异常在内置模块 exception 中定义，但不需要导入就可以使用。下面这些内置的异常可以作为其他异常的基类。

- BaseException：所有内置异常的基类。
- Exception：除了系统退出异常，其他所有内置异常都继承了这个异常，包括 StandardError。
- StandardError：是除了StopIteration、GeneratorExit、KeyboardInterrupt 和 SystemExit 的基类。
- ArithmeticError：各种算术运算的异常的基类。
- LookupError：在映射关键字或序列索引时触发的异常。

- EnvironmentError：是在 Python 系统外导致的异常的基类。
- AssertionError：assert 语句有错时触发的异常。
- AttributeError：特性引用或赋值失败时触发的异常。
- EOFError：内置函数如input()和raw_input()遇到文件尾条件 EOF 时触发的异常。
- FloatingPointError：浮点数操作失败触发的异常。
- GeneratorExit：生成器关闭时触发的异常。
- IOError：IO 语句如 print 和 open 等操作失败触发的异常。
- ImportError：用 import 导入模块没有找到，或 from…import 导入变量名失败而触发的异常。
- IndexError：使用序列中不存在的索引时触发的异常。
- KeyError：访问一个不在字典中的关键字 key 而触发的异常。
- KeyboardInterrupt：因用户干预触发的异常，常常是按 Ctrl+C 或 Delete 键。
- MemoryError：内存耗尽触发的异常。
- NameError：使用一个没有定义的本地或全局变量而触发的异常。
- NotImplementedError：RuntimeError的导出类。
- OSError：EnvironmentError的导出类。
- OverflowError：运算结果太大无法表示触发的异常。
- ReferenceError：weakref.proxy() 函数生成的弱参照代理（weak reference proxy）在垃圾收集机制收集后试图再使用参照的属性而触发的异常。
- RuntimeError：不能归于任何异常类的异常。
- StopIteration：迭代器迭代到对象结尾位置而触发的异常。
- SyntaxError：语法错误触发的异常。
- SystemError：Python 解释器发现的内部错误。
- SystemExit：由sys.exit()函数触发的异常。
- TypeError：内置操作或函数使用了不正确的类型对象而引发的异常。
- UnboundLocalError：NameError的子类。
- UnicodeError：Unicode 编码或解码错触发的异常。
- UnicodeEncodeError：Unicode 编码错触发的异常。
- UnicodeDecodeError：Unicode 解码错触发的异常。
- UnicodeTranslateError：Unicode 翻译错时触发的异常。
- ValueError：内置操作或函数的参数类型正确的情况下，使用了不正确的值而触发的异常。
- VMSError：VMS 相关的错误。
- WindowsError：窗口相关的异常。
- ZeroDivisionError：除法或取模运算中除以 0 触发的异常。

参考文献

[1] Allen B. Downey. Think Python: how to think like a computer scientist[M]. O'Reilly Media, 2012.

[2] Bruce Eckel. Thinking in Python[M]. MindView, Inc. 2002.

[3] David Ascher，Mark Lutz. Learning Python. 2th Edition[M]. O'Reilly Media, 2003.

[4] MarkLutz. Learning Python. 5th Edition[M]. O'Reilly Media, 2013.

[5] MarkLutz. Programming Python. 4th Edition[M]. O'Reilly Media, 2011.

[6] https://docs.python.org/2/.

[7] https://docs.python.org/3.2/.

[8] https://docs.python.org/3.3/.

[9] MarkLutz，李军，刘红伟，译. Python 学习手册. 4 版[M]. 北京：机械工业出版社，2011.

[10] Magnus Lie Hetland. 司维，曾军崴，谭颖华，译. Python 基础教程. 2 版[M]. 北京：人民邮电出版社，2010.

[11] 嵩天，礼欣，黄天羽. Python 语言程序设计基础. 2 版[M]. 北京：高等教育出版社，2017.

[12] 吴萍，主编. 算法与程序设计基础[M]. 北京：清华大学出版社，2015.